BestMasters

Weitere Informationen zu dieser Reihe finden Sie unter
http://www.springer.com/series/13198

Mit „BestMasters" zeichnet Springer die besten Masterarbeiten aus, die an renommierten Hochschulen in Deutschland, Österreich und der Schweiz entstanden sind. Die mit Höchstnote ausgezeichneten Arbeiten wurden durch Gutachter zur Veröffentlichung empfohlen und behandeln aktuelle Themen aus unterschiedlichen Fachgebieten der Naturwissenschaften, Psychologie, Technik und Wirtschaftswissenschaften.

Die Reihe wendet sich an Praktiker und Wissenschaftler gleichermaßen und soll insbesondere auch Nachwuchswissenschaftlern Orientierung geben.

Andreas Lerchen

Neue Reaktivitäten in Rh^{III}-Katalyse für die effiziente Synthese hochwertiger Reaktionsprodukte

Rh^{III}-Katalysierte C–H-Bindungsaktivierung

Mit einem Geleitwort von
Prof. Dr. Frank Glorius

 Springer Spektrum

Andreas Lerchen
Westfälische Wilhelms-Universität Münster
Deutschland

BestMasters
ISBN 978-3-658-12690-2   ISBN 978-3-658-12691-9   (eBook)
DOI 10.1007/978-3-658-12691-9

Die Deutsche Nationalbibliothek verzeichnet diese Publikation in der Deutschen Nationalbibliografie;
detaillierte bibliografische Daten sind im Internet über http://dnb.d-nb.de abrufbar.

Springer Spektrum
© Springer Fachmedien Wiesbaden 2016

Gedruckt auf säurefreiem und chlorfrei gebleichtem Papier

Springer Spektrum ist Teil von Springer Nature
Die eingetragene Gesellschaft ist Springer Fachmedien Wiesbaden GmbH

Geleitwort

Herr Andreas Lerchen hat seine Masterarbeit zum Thema „Untersuchung neuer Reaktivitäten in Rh[III]-Katalyse für die effiziente Synthese hochwertiger Reaktionsprodukte" erfolgreich in meiner Arbeitsgruppe durchgeführt. Hierbei hat er zahleiche verschiedene C–H-Aktivierungsprojekte erfolgreich initiiert und bearbeitet.

Auf eine gelungene theoretische Einführung in dirigierte C–H-Aktivierungschemie erläutert Herr Lerchen zudem jeweils die spezifischen Hintergründe der von ihm bearbeiteten Projekte. Ein Hauptprojekt stellt dabei die Verwendung von Diazencarboxylaten als dirigierende Gruppe in Rh[III]-katalysierter C–H-Aktivierungschemie dar. Interessanterweise fungiert diese Gruppe allerdings nicht einfach nur als dirigierende Gruppe. Da sie eine potentielle Abgangsgruppe trägt, konnte die C–H-Aktivierung/ Alkylierungssequenz noch spannenderweise durch einen Ringschluss zu Cinnolinen komplettiert werden (Kapitel 3.2). Somit eröffnet sich ein interessanter neuer Reaktionspfad hin zu diesen besonderen, eine N=N-Gruppe enthaltenden, 6-Ringheterocyclen. Herr Lerchen konnte hierbei bereits eine isolierte Ausbeute von 74% erhalten, allerdings verlässlich bisher nur im kleinen Maßstab. Genauso spannend ist allerdings ein vollkommen unerwarteter Befund: die dirigierende Gruppe kann in/nach der Reaktion abgespalten werden (= spurlose dirigierende Gruppe), was den Aufbau von ansonsten schwierig zu erhaltenen Funktionsgruppenabständen am Ringsystem ermöglicht. Beide Projektlinien will Herr Lerchen in Kürze zu Beginn seiner Promotion nachdrücklich verfolgen.

Weiterhin konnte Herr Lerchen die erste Rh[III]-katalysierte Thiotrifluoromethylierung entwickeln. Schlüssel zum Erfolg war dabei die Verwendung von geeignet substituierten Pyridinderivaten, wie z. B. dem Pentafluoropyridin. Viele verschiedene Pyridine wurden hierbei als Additive getestet. Es werden bereits akzeptable Ausbeuten der SCF_3-substituierten Produkte erhalten, die Optimierung ist allerdings noch nicht abgeschlossen und wird weiter fortgeführt werden.

Schließlich ergab sich aus letzterem Projekt auch die Entwicklung einer Rh[III]-katalysierten Chlorierung. Bereits vor einigen Jahren berichteten wir erstmals über Bromierung und Iodierung, die Chlorierung scheiterte bisher allerdings immer vollständig. Herrn Lerchen und dem beteiligten Doktoranden Fabian Lied gelang nun die Chlorierung schließlich durch die Verwendung des besonders reaktiven Reagenzes TCC oder, alternativ, durch die Verwendung des weniger reaktiven NDDH (1,3-Dichlor-5,5-dimethylhydantoin) erneut in Verbindung mit einer Pyridinbase.

Diese beeindruckenden Arbeiten wurden von Herrn Lerchen federführend vorange-
trieben und er hat dabei/dadurch großes Talent bewiesen. Experimente und experimenteller Teil wurden sorgfältig verfasst.

Prof. Dr. Frank Glorius

Organisch-Chemisches Institut

Westfälische Wilhelms-Universität Münster

Danksagung

Besonders möchte ich mich bei Prof. Dr. Frank Glorius für die interessante Themenstellung, ebenso wie die hervorragende Betreuung bedanken.

Herrn Prof. Dr. Günter Haufe danke ich ebenfalls herzlich für die Übernahme des Zweitgutachtens.

Ebenfalls möchte ich mich bei den Mitarbeitern des Organisch-Chemischen Instituts der Westfälischen Wilhelms-Universität bedanken, besonders den Mitarbeitern aus der Massen- und NMR-Abteilung, die stets für eine schnelle Bearbeitung der Proben sorgten und immer sehr freundlich bei akuten Beratungen bezüglich anfallender Messungen waren.

Dem gesamten Arbeitskreis Glorius danke ich ebenfalls für die freundliche Aufnahme in den Arbeitskreis, sowie für viele lustige Stunden, sowohl im Labor als auch in der Freizeit.

Sehr herzlich möchte ich mich bei Tobias Gensch und Fabian Lied bedanken, die mir bei vielen wissenschaftlichen Fragestellungen stets zur Seite standen. Zusätzlich danke ich euch Beiden für die erfolgreiche Zusammenarbeit in verschiedenen Projekten. Dem kompletten C–H-Aktivierungsteam bin ich ebenfalls dankbar für viele Anregungen und interessante Diskussionen. Allen Mitarbeitern aus Halle 1 danke ich für die sehr angenehme Arbeitsatmosphäre und für die vielen guten Ratschläge.

Andi, Johannes, Michael und Mirco möchte ich besonders für eine unvergessliche Masterarbeitszeit danken.

Bei allen Korrekturlesern möchte ich mich ebenfalls herzlich für die Unterstützung und die Hilfe bedanken.

Darüber hinaus bin ich sehr froh über alle meine guten Freunde, die mich in den letzten fünf Jahren während meines Studiums begleitet haben. Besonders erwähnen möchte ich hierbei Yannic – Danke für die geniale Zeit zusammen und dafür, dass wir uns gegenseitig immer gepusht haben!

Auch bei Jule möchte ich mich herzlich bedanken. Dein Lachen und deine fröhliche Art haben mich immer wieder neu motiviert und glücklich gemacht.

Bei meinen Eltern und meinen Schwestern möchte ich mich zutiefst bedanken, dass ihr mich immer unterstützt, mir immer wieder Mut zugesprochen und mich stets kulinarisch verköstigt habt.

Danke!

Inhaltsverzeichnis

1   Einleitung 1

   1.1   C–H-Bindungsaktivierung 1

      1.1.1   Dirigierende Gruppen zur Unterstützung der Regioselektivität für die Funktionalisierung benachbarter C–H-Bindungen 3

      1.1.2   Mechanismen der C–H-Bindungsaktivierung 4

   1.2   Traceless Directing Groups - C–H-Bindungsaktivierung mit einer entfernbaren dirigierenden Gruppe 7

   1.3   Synthese von Cinnolin-Derivaten 9

   1.4 SO_2-Insertionen ausgehend von DABSO als SO_2-Surrogat 12

   1.5   Metall katalysierte Trifluoromethylthiolierung 14

   1.6   Metall katalysierte Chlorierung 17

2   Motivation 19

   2.1   C–H-Bindungsaktivierung an Diazen-Carboxylaten mit anschließender Abspaltung der dirigierenden Gruppe 19

   2.2   Selektive Rh^{III}-katalysierte C–H-Bindungsaktivierung für die direkte Synthese von neutralen Cinnolin-Derivaten 19

   2.3   Selektive direkte SO_2-Insertion durch Rh^{III}-katalysierte C–H-Bindungsaktivierung mit DABSO als SO2-Surrogat 20

   2.4   Selektive Rh^{III}-katalysierte C–H-Bindungsaktivierung für die Darstellung von trifluoromethylthiolierten Reaktionsprodukten 21

   2.5   Selektive Rh^{III}-katalysierte C–H-Bindungsaktivierung für die Chlorierung von Arenen, Olefinen und Heteroaromaten 22

3   Ergebnisse und Diskussion 23

   3.1   Strategie für die Verwendung von Diazen-Carboxylate als neue Traceless-Directing Group 23

      3.1.1   Substratsynthese 24

      3.1.2   Anwendungsbereich von Diazen-Carboxylaten als Traceless-Directing Group 24

3.2   Strategie für die direkte Synthese von Cinnolin-Derivaten durch
       Rh^{III}-katalysierte C–H-Bindungsaktivierung 27

   3.2.1   Optimierung der Reaktionsbedingungen für die direkte Darstellung
            von Cinnolin-Derivaten 29

3.3   Direkte SO₂-Insertion durch Rh^{III}-katalysierte C–H-Bindungsaktivierung
       mit DABSO als SO₂-Surrogat 37

   3.3.1   Substratsynthese 37

   3.3.2   Anwendung von DABSO in der Rh^{III}-katalysierten C–H-
            Bindungsaktivierung 37

3.4   Rh^{III}-katalysierte selektive *ortho*-Trifluoromethylthiolierung 44

   3.4.1   Substratsynthese 44

   3.4.2   Optimierung der Reaktionsbedingungen 46

3.5   Rh^{III}-katalysierte Chlorierung von Arenen, Olefinen und Heteroaromaten....55

   3.5.1   Optimierung der Reaktionsbedingungen und
            Substratanwendungsbereich 56

4   Zusammenfassung und Ausblick...71

   4.1   Diazen-Carboxylate als Traceless-Directing Group.................................71

   4.2   Rh^{III}-katalysierte C–H-Bindungsaktivierung für die Synthese von Cinnolin-
          Derivaten 72

   4.3   Direkte SO₂-Insertion durch Rh^{III}-katalysierte C–H-Bindungsaktivierung
          mit DABSO als SO₂-Surrogat 73

   4.4   Rh^{III}-katalysierte Trifluoromethylthiolierung 73

   4.5   Rh^{III}-katalysierte Chlorierung von Arenen, Olefinen und Heteroaromaten....74

5   Experimenteller Teil..77

   5.1   Allgemeiner Teil..77

   5.2   Substratsynthese und Katalysen 78

   5.2.1   *Tert*-butyl-2-phenylhydrazin-1-carboxylat 78

   5.2.2   *Tert*-butyl-(*E*)-2-phenyldiazen-1-carboxylat 79

   5.2.3   Benzyl-3-oxobutanoat... 80

5.2.4 Allgemeine Synthesevorschrift für die Darstellung von Diazoverbindungen.. 80

5.2.5 Diethyl-2-diazomalonat.. 81

5.2.6 Methyl-2-diazo-3-oxobutanoat... 81

5.2.7 Benzyl-2-diazo-3-oxobutanoat.. 82

5.2.8 (1l4,4l4-Diazabicyclo[2.2.2]octan-1,4-diyl)bis(l5-sulfanedion) [DABSO].. 82

5.2.9 2-Methylbenzo[d]isothiazol-3(2H)-on-1,1-dioxid.............................. 83

5.2.10 Kupfertrifluoromethylthionat... 83

5.2.11 2-((Trifluoromethyl)thio)isoindolin-1,3-dion.................................... 84

5.2.12 1-((Trifluoromethyl)thio)pyrrolidin-2,5-dion..................................... 85

5.2.13 Allgemeine Synthesevorschrift zur Darstellung der para-substituierten Perfluoropyridine.. 85

5.2.14 4-(Perfluoropyridin-4-yl)morpholin... 86

5.2.15 N1,N2-Dimethyl-N1,N2-bis(perfluoropyridin-4-yl)ethan-1,2-diamin 86

5.2.16 2,3,5,6-Tetrafluoro-4-(piperidin-1-yl)pyridin.................................... 87

5.2.17 N,N-Diethyl-2,3,5,6-tetrafluoropyridin-4-amin................................. 87

5.2.18 N,N-Diisopropyl-4-methoxybenzamid... 88

5.2.19 Benzyl-6-methoxy-3-methylcinnolin-4-carboxylat............................ 89

5.2.20 Benzyl-3-methylcinnolin-4-carboxylat.. 89

5.2.21 Methyl-3-methylcinnolin-4-carboxylat... 90

5.2.22 2-(2-((Trifluoromethyl)thio)phenyl)pyridin....................................... 91

5.2.23 Allgemeine Synthesevorschrift für die Chlorierung von Arenen, Olefinen und Heteroaromaten. 92

5.2.24 2-Chloro-N,N-diisopropylbenzamid.. 93

5.2.25 2,4-Dichloro-N,N-diisopropylbenzamid. 93

5.2.26 4-Bromo-2-chloro-N,N-diisopropylbenzamid.................................. 94

5.2.27 3-Chloro-N,N-diisopropyl-4-methoxybenzamid............................... 95

5.2.28 2-Chloro-N,N-diisopropyl-4-methoxybenzamid............................... 95

5.2.29   3-Chloro-*N*,*N*-diethyl-2-phenylacrylamid... 96

5.2.30   (*Z*)-3-Chloro-*N*,*N*-diethyl-2,3-diphenylacrylamid 97

5.2.31   5-Chloro-*N*,*N*-diethylfuran-2-carboxamid... 98

5.2.32   5-Chloro-*N*,*N*-diisopropylthiophen-2-carboxamid.............................. 98

6   Abkürzungsverzeichnis..**101**

7   Literatur **103**

1 Einleitung

1.1 C–H-Bindungsaktivierung

Das Ziel des organisch synthetischen Chemikers ist es, aus kleinen Molekülbausteinen möglichst effizient komplexe Strukturmotive aufzubauen. Somit ist die Entwicklung neuer Methoden für die effiziente und direkte C–C-Bindungsknüpfung von großer Bedeutung. Neben vielen klassischen Methoden (z.b. Aldol-Reaktion, Diels-Alder Reaktion) existieren auch katalytische Varianten für die Knüpfung von C–C-Bindungen. Ein prominentes Beispiel für solche sind die Kreuzkupplungen. Ihre Bedeutung wird vor allem durch die Vergabe des Nobelpreises im Jahr 2010 an die verschiedenen Palladium-katalysierten Kreuzkupplungen betont (Suzuki, Negishi, Heck).[1] Für herkömmliche Kreuzkupplungen wird ein Katalysator benötigt, mit dessen Hilfe zwei vorfunktionalisierte Molekülbausteine miteinander reagieren können (Schema 1).[2]

$$Ar-X \quad + \quad M-Ar' \quad \xrightarrow{\text{Kat.}} \quad Ar-Ar' \quad + \quad M-X$$

Schema 1: Klassische Kreuzkupplung.[2]

Trotz der Effizienz und der breiten Anwendbarkeit von Kreuzkupplungen sind auch Nachteile mit dieser Transformation verbunden. Zum einen müssen beide Substrate präfunktionalisiert sein (M = $B(OR)_3$ – Suzuki; SnR_3 – Stille; MgX – Kumada; ZnX – Negishi; SiR_3 – Hiyama),[3] was einen erhöhten Aufwand für die Substratsynthese darstellt. Zum anderen fallen in jeder Reaktion stöchiometrische Mengen an Metallsalzabfall an, da der Reaktionspartner meist ein Arylhalogenid ist. Dies stellt insbesondere Probleme für den industriellen Maßstab dar, weshalb das Interesse an neuen effizienten Transformationen für die C–C-Bindungsknüpfung hoch ist.

Für die Entwicklung solcher Methoden gilt es jedoch nicht nur die Effizienz der Reaktion zu beachten, sondern ebenfalls die Ökonomie dieser zu adressieren. Es sollen möglichst ressourcenschonende und umweltfreundliche Transformationen entwickelt werden.[4] Die Ökonomie einer Reaktion wird unter dem Begriff der *„Grünen Chemie"* zusammengefasst. ANASTAS formulierte die sogenannten *„12 Grundprinzipien der grünen Chemie"*, welche eine sehr wichtige Grundlage neben der Methodenentwicklung darstellen.[5,6]

1. Vermeidung von Abfällen.

2. Herstellung ungefährlicher chemischer Produkte.

3. Verwendung von weniger gefährlichen Stoffen.

4.   Nutzung erneuerbarer Rohstoffe.

5.   Nutzung von Katalysatoren statt stöchiometrischer Reagenzien.

6.   Vermeidung von Zwischenstufen.

7.   Maximierung der Atomeffizienz und Atomökonomie.

8.   Anwendung von sicheren Lösungsmitteln und Reaktionsbedingungen.

9.   Erhöhung der Energieeffizienz.

10.   Abbaubare umweltfreundliche Produkte.

11.   Echtzeitüberwachung, Kontrolle und Steuerung aller Vorgänge.

12.   Minimierung von Unfällen.

Die Kreuzkupplungen erfüllen zwar einen Teil dieser 12 grundlegenden Prinzipien (Punkt 2/5/9), jedoch müssen Verbesserungen von einigen Punkten erreicht werden (Punkt 1/6/7/10). Die Punkte 1/6/7 ließen sich beispielsweise adressieren, indem zwei unfunktionalisierte Substrate durch die direkte Aktivierung zweier C–H-Bindungen miteinander gekuppelt werden (Schema 2). Als Nebenprodukt würde bei dieser Reaktion formal nur Wasserstoff entstehen (CDC-Kupplungsreaktion, *engl.*: cross-dehydrogenative coupling reaction).

$$Ar{-}H \quad + \quad H{-}Ar' \quad \xrightarrow{\text{Kat.}} \quad Ar{-}Ar' \quad + \quad H{-}H$$

Schema 2: CDC-Kupplung (*engl.*: cross-dehydrogenative coupling reaction).

Da eine solche Reaktion selektiv bisher schwer zu erreichen ist, gilt es neue Wege für diese Art der Aktivierung zu erforschen. Aus diesem Grund ist die C–H-Bindungs-aktivierung bis heute weltweit eines der wichtigsten und größten Forschungsgebiete in der organischen Synthesechemie.[7] Bei dieser geht es vor allem darum, Lösungen für die schwierigen Herausforderungen der Funktionalisierung zu finden. Die Haupt-probleme bei der C–H-Bindungsaktivierung liegen unter anderem bei der hohen Dis-soziationsenergie der C–H-Bindung (413 kJ/mol), was die Bindungsspaltung er-schwert und oftmals hohe Temperaturen sowie lange Reaktionszeiten erfordert.[8] Ebenfalls sind aufgrund der zahlreichen C–H-Bindungen in einem Molekül und der damit einhergehenden Schwierigkeit zwischen diesen zu differenzieren, Regioselek-tivitätsprobleme zu erwarten.[9,10] Diese beiden Probleme werden durch die Anwen-dung von sogenannten dirigierenden Gruppen adressiert. Allerdings ist die Funktio-nalisierung der Startmaterialen mit dirigierenden Gruppen auch mit mehreren folgen-den Reaktionsschritten verbunden. Eine weitere Möglichkeit für den Erhalt an Selek-tivität stellen intramolekulare Reaktionen dar, die zu bestimmten definierten Übergangszustandsgeometrien führen. Zuletzt ist die Verwendung von C–H-aciden Verbindungen eine andere Möglichkeit für den Erhalt erhöhter Selektivität.

1.1.1 Dirigierende Gruppen zur Unterstützung der Regioselektivität für die Funktionalisierung benachbarter C–H-Bindungen

Wie bereits in Kapitel 1.1 beschrieben, kann eine selektive C–H-Bindungsaktivierung durch die Einführung von dirigierenden Gruppen erreicht werden.[11] Seit den 60iger Jahren ist bekannt, dass funktionelle Gruppen mit Lewis-basischen Heteroatomen eine C–H-Bindungsaktivierung benachbarter C–H-Bindungen unterstützen und erleichtern.[12] In diesem konkreten Beispiel konnte Dicyclopentadienylnickel mit Azobenzol umgesetzt und der gewünschte Metallacyclus isoliert werden (Schema 3).

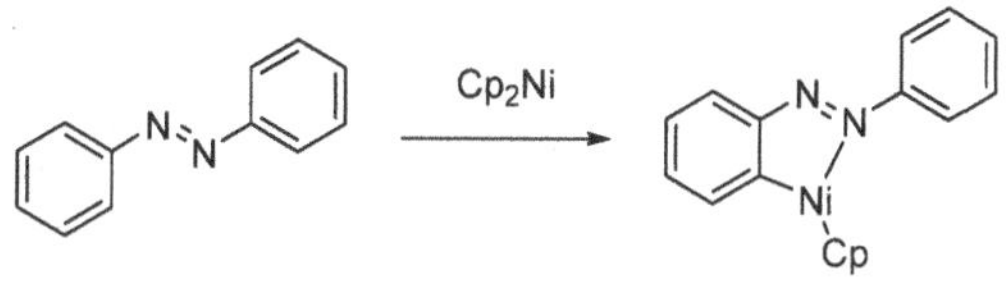

Schema 3: Isolierter Metallacyclus von Azobenzol mit Cp₂Ni.[12]

Zunächst koordiniert das Heteroatom der dirigierenden an Gruppe das Metall. Durch diese Koordination wird das Metall in die Nähe der zu aktivierenden C–H-Bindung geführt. Da durch die Koordination des Metalls an das Heteroatom eine Änderung der Elektronendichte mit einhergeht, wird durch die Generierung des intramolekularen Prozesses die Enthalpie und die Entropie des C–H-Bindungsaktivierungs/C–H-Bindungsbruchs herabgesetzt. Es folgt die Ausbildung des Metallacyclus. Abhängig von den Eigenschaften der koordinierenden Gruppe ist eine C–H-Bindungsaktivierung auch bei milden Temperaturen (bis hin zu Raumtemperatur) mit anschließender Ausbildung des Metallacyclus möglich.[11] Der positive Effekt dirigierender Gruppen auf die Selektivität sowie die Reaktivität einer Reaktion konnte bereits an einer Vielzahl an katalytischen C–H-Bindungsaktivierungen gezeigt werden. Der einschränkende Nachteil der dirigierenden Gruppen ist, dass ein Großteil dieser nach der C–H-Funktionalisierung nicht mehr abspaltbar ist. Dies bedeutet, dass die C–H-funktionalisierten Moleküle in den meisten Fällen nur mit der dirigierenden Gruppe erhalten werden, was den Anwendungsbereich der C–H-Aktivierung begrenzt.

1.1.2   Mechanismen der C–H-Bindungsaktivierung

Die Mechanismen von C–H-Bindungsaktivierungs-Reaktionen werden in zwei verschiedene Kategorien unterteilt.[13] Die eine wird klassifiziert durch den sogenannten
Außensphärenmechanismus und die andere durch den Innersphärenmechanismus.[14,15]

Beim Erstgenannten findet die C–H-Bindungsfunktionalisierung nicht durch das Metall, sondern durch einen vom Metall getragenen Liganden statt (Schema 4).

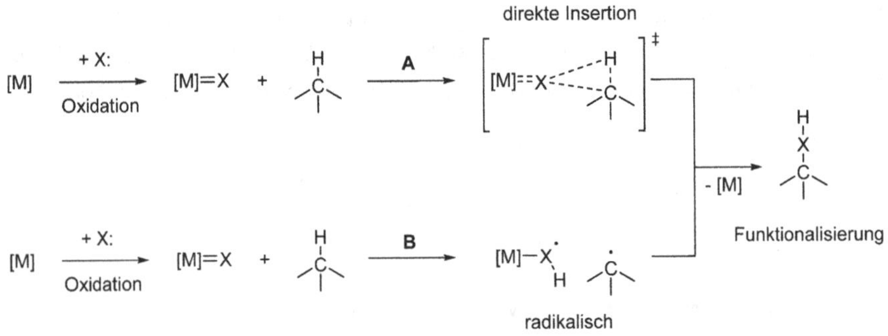

Schema 4: Schematische Veranschaulichung des Außenspährenmechanismus.

Somit tritt weder eine direkte Wechselwirkung zwischen dem Metallzentrum und der
C–H-Bindung, noch eine direkte C–Metall-Bindung im Intermediat auf. Es wird zunächst ein reaktiver Metall-Komplex mit einem Liganden (z.B. X = O) gebildet. Über
eine direkte C–H-Insertion (**A**) oder einen radikalischen Mechanismus (**B**) kann dieser reaktive Metall-Ligand-Komplex nun in die C–H-Bindung insertieren. Nach Re-
duktion oder Einelektronen-Transfer kann das Produkt und die anfängliche Metall-
spezies erhalten werden.

Der sogenannte Innersphärenmechanismus beinhaltet im Gegensatz zum Außensphärenmechanismus zwei diskrete Reaktionsschritte (Schema 5). Zunächst wird
dabei die Organometallspezies nach erfolgter C–H-Bindungsspaltung erhalten. Diese
kann in einem nachfolgenden Schritt funktionalisiert werden.

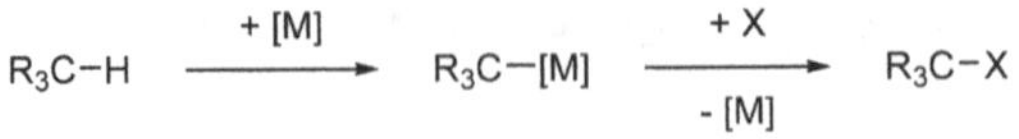

Schema 5: Schematische Veranschaulichung des Innerspährenmechanismus.

Dieser Mechanismus entspricht der Definition von SHILOV und SHUL'PIN und soll im Folgenden auf den Begriff der C–H-Bindungsaktivierung bezogen werden.[16]

Der Innersphärenmechanismus kann unter verschiedenen Varianten ablaufen, wobei die folgenden vier Kategorien des Mechanismus am weitesten verbreitet und akzeptiert sind. Diese sind sowohl für die sp^3-C–H-Bindungsaktivierung, als auch die sp^2-C–H-Bindungsaktivierung gültig.[17]

1. CMD-Mechanismus (*engl.:* Concerted metallation-deprotonation)
2. Oxidative Addition
3. σ-Bindungsmetathese
4. Elektrophile Bindungsaktivierung

Der **CMD- Mechanismus**[18] (konzertierte Metallierung-Deprotonierung) ist ebenfalls unter der Bezeichnung „Carboxylat-vermittelte C–H-Bindungsaktivierung" oder auch „ambiphile Metall-Ligand-Aktivierung" (AMLA) bekannt.[19,20] Dabei ist ein bidentater Ligand (meistens ein Carboxylat-Anion) am, Katalysator gebunden, welcher den konzertierten Übergangszustand stabilisiert. Bei dem konzertierten Übergangszustand wird das Proton durch das Carboxylat-Anion, welches als Base fungiert, deprotoniert und gleichzeitig die Metall-Bindung zum Kohlenstoffzentrum aufgebaut (Schema 6).

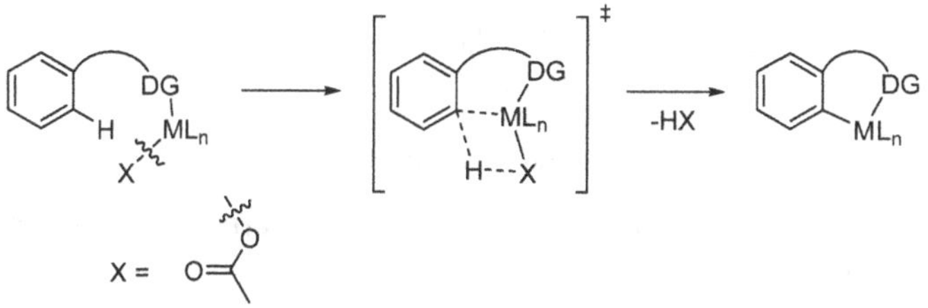

Schema 6: CMD-Mechanismus (konzertierte Metallierung-Deprotonierung).

Dieser Mechanismus wurde vor allem durch theoretische Berechnungen von FAGNOU[21], ECHAVARREN[22] und MACGREGOR[22] unterstützt.

Der Mechanismus der **Oxidativen Addition** tritt häufig bei späten, elektronenreichen Übergangsmetallen sowie bei aliphatischen C–H-Bindungen auf (Schema 7).[23] Rhodium(I) und Iridium(I) sind charakteristische Metalle für diesen Typ an Mechanismus. Formal entspricht die oxidative Addition einer Insertion des Metalls in eine σ-Bindung. Dabei erfolgt zunächst eine agostische Wechselwirkung zwischen der C–H-Bindung und dem Metall. Dadurch wird die C–H-Bindung aktiviert und nach der erfolgreichen C–H-Bindungsspaltung die C–Metall-Spezies erhalten. Die Oxidationsstufe des Metalls steigt dabei aufgrund der Übertragung von zwei Elektronen um den Faktor zwei.[24] Nach der reduktiven Eliminierung wird das Metall wieder in der ursprünglichen Oxidationsstufe erhalten.

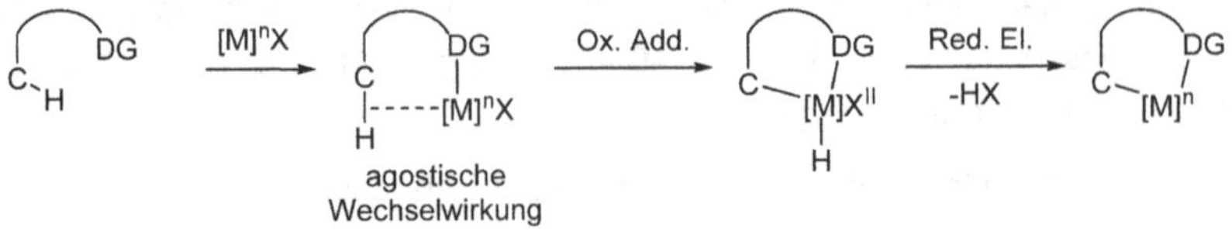

Schema 7: Mechanismus der oxidativen Addition.

Entgegengesetzt der oxidativen Addition erfolgt der C–H-Bindungsbruch bei der *σ*-**Bindungsmetathese** ohne die Änderung der Oxidationsstufe des Metalls (Schema 8). Diese tritt vor allem bei frühen Übergangsmetallen, deren weitere Oxidation nicht mehr möglich ist, auf.[25] In dem Metallvorläuferkomplex ist bei dieser Art der C–H-Bindungsaktivierung meistens eine M–C-oder eine M–H-Bindung beteiligt. Mit diesem kommt es zu der Ausbildung eines viergliedrigen Übergangszustands und schließlich zur Bildung des Metallacyclus sowie zu der Bildung eines Alkans oder Wasserstoff.

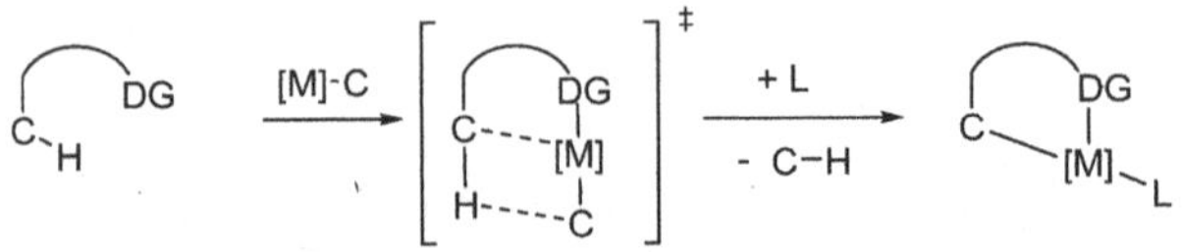

Schema 8: Mechanismus der *σ*-Bindungsmetathese.

Der Mechanismus der **elektrophilen Bindungsaktivierung** verläuft ähnlich zur elektrophilen aromatischen Substitution und wurde speziell für C–H-Bindungsaktivierungen mit elektronenarmen, späten Übergangsmetallen beschrieben.

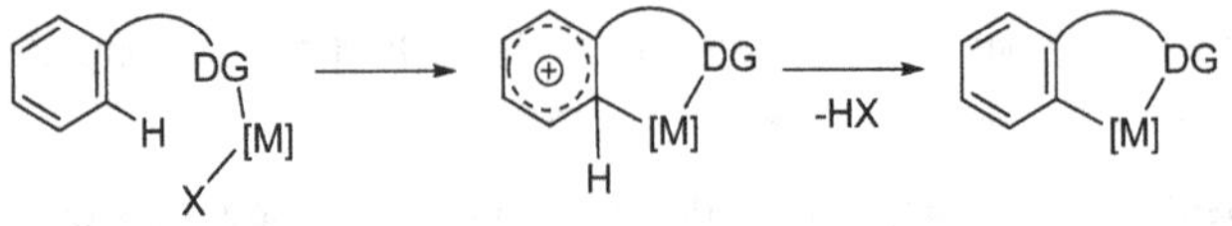

Schema 9: Mechanismus der elektrophilen Bindungsaktivierung.

Der Unterschied dieser Aktivierung zur elektrophilen aromatischen Substitution ist lediglich, dass der Übergangsmetallkatalysator durch die dirigierende Gruppe am Substrat positioniert wird (Schema 9). Im nächsten Schritt erfolgt die Bildung eines *π*-Komplexes, gefolgt von der Ausbildung des Wheland-Komplexes. Nach abschließender Deprotonierung wird der Metallacyclus erhalten.

1.2 Traceless Directing Groups - C–H-Bindungsaktivierung mit einer entfernbaren dirigierenden Gruppe

In der C–H-Bindungsaktivierung sind dirigierende Gruppen für eine selektive Funktionalisierung einer spezifischen C–H-Bindung essentiell. Dabei können die Eigenschaften der dirigierenden Gruppen in verschiedene Klassen eingeteilt werden (Abbildung 1).[26]

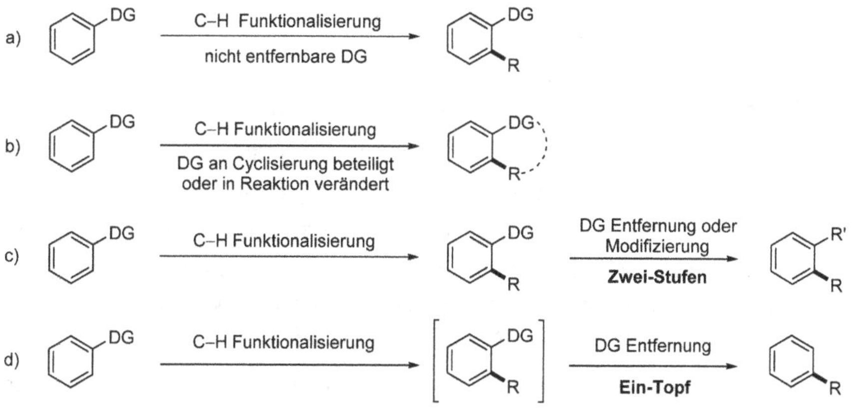

Abbildung 1: Verschiedene Ansätze für die C–H-Funktionalisierung.[26]

Die meisten dirigierenden Gruppen entsprechen der Variante **a**. Nach der C–H-Funktionalisierung sind diese dirigierenden Gruppen nicht mehr abspaltbar und somit Bestandteil des funktionalisierten Produkts. In Variante **b** ist die dirigierende Gruppe auch notwendig für die C–H-Funktionalisierung. Diese kann jedoch im Anschluss an die C–H-Funktionalisierung eine Cyclisierung ermöglichen oder durch die interne Abspaltung einer funktionellen Gruppe verändert werden (z.B. DG mit internem Oxidants). Bei Variante **c** erfolgt zunächst eine C–H-Funktionalisierung durch die dirigierende Gruppe, die in einem zweiten Reaktionsschritt modifizierbar oder vollständig entfernbar ist. Ein Beispiel für eine modifizierbare dirigierende Gruppe ist in Schema 10 dargestellt.[27]

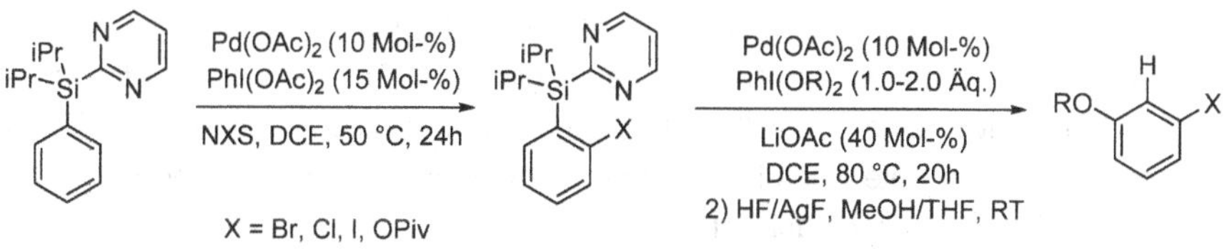

Schema 10: Beispiel einer modifizierbaren dirigierenden Gruppe.[27]

MIURA und SATOH gelang eine Rh[III]-katalysierte dehydrierende Olefinierung von Benzoesäure-Derivaten mit anschließender Decarboxylierung der dirigierenden Gruppe (Schema 11).[28]

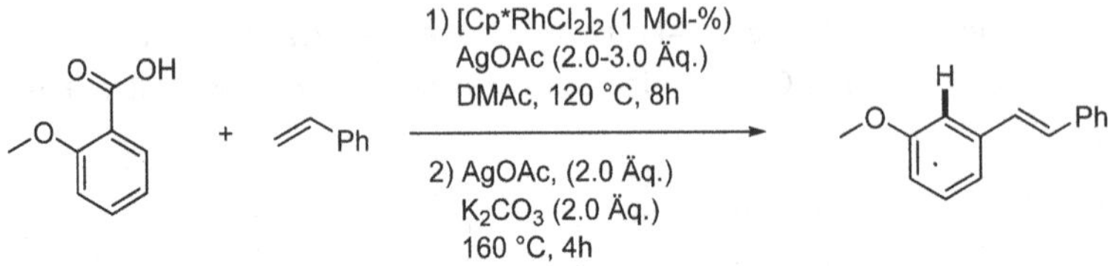

Schema 11: Beispiel einer entfernbaren dirigierenden Gruppe.[28]

Anhand dieser Beispiele (Schema 10/11) konnten in zwei-Stufen Prozessen mehrere Transformationen spezieller dirigierender Gruppen gezeigt werden.

Variante **d** entspricht der Definition der sogenannten Traceless Directing Groups.[29] Es existieren bisher drei literaturbekannte dirigierende Gruppen, die nach erfolgreicher C–H-Funktionalisierung in einem Reaktionsschritt vollständig entfernbar sind. Diese sind als Traceless Directing Groups zu klassifizieren.

Die bekannteste und am meisten etablierte dirigierende Gruppe, die als Traceless Directing Group fungieren kann, ist die Carboxy-Gruppe. Carboxy-Gruppen gehören jedoch nicht zu den besten dirigierenden Gruppen, weshalb ihre Anwendbarkeit deutlich eingeschränkt ist. Der Gruppe von SU et al. gelang 2015 eine Ein-Topf Synthese für eine Rh[III]-katalysierte decarboxylative C–H-Arylierung von Thiophenen (Schema 12).[30] Eine vergleichbare Reaktion wurde ebenfalls von YOU et al. beschrieben.[31]

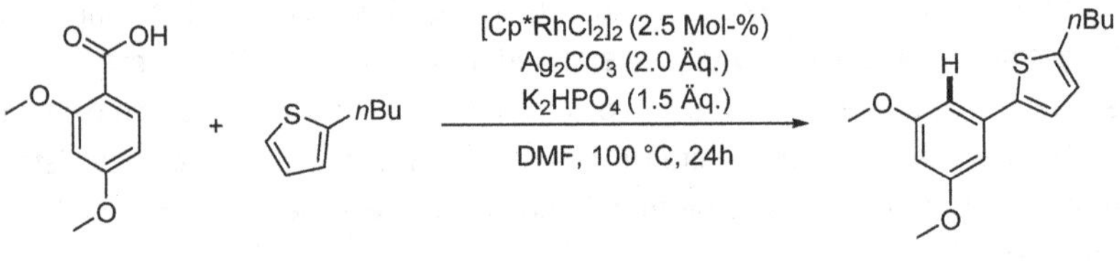

Schema 12: Rh[III]-katalysierte decarboxylative C–H-Arylierung von Thiophenen.[30]

Eine weitere Traceless Directing Group wurde ebenfalls von YOU et al. beschrieben. Hierbei wurden Aldehyde als entfernbare dirigierende Gruppe verwendet (Schema 13).[32] Aldehyde sind ebenfalls wie Carbonsäuren schlechte dirigierende Gruppen, da diese keine gute Koordination zum Metallzentrum aufweisen und somit die Anwendungsbreite eingeschränkt ist.

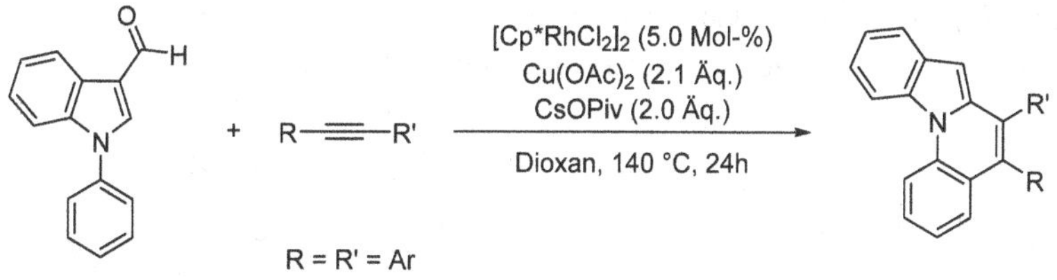

Schema 13: Beispiel für Aldehyde als Traceless Directing Group.[32]

Zuletzt konnten die von YOU *et al.* eingeführten *N*-Oxide, die als interne, oxidierende dirigierende Gruppe fungieren, ebenfalls in die Klasse der Traceless Directing Groups eingeordnet werden (Schema 14).[33] Die Einordnung der *N*-Oxide in die Kategorie der Traceless Directing Groups ist in diesem Fall jedoch kritisch zu betrachten, da die Abspaltung der dirigierenden Gruppe nur partiell erfolgt.

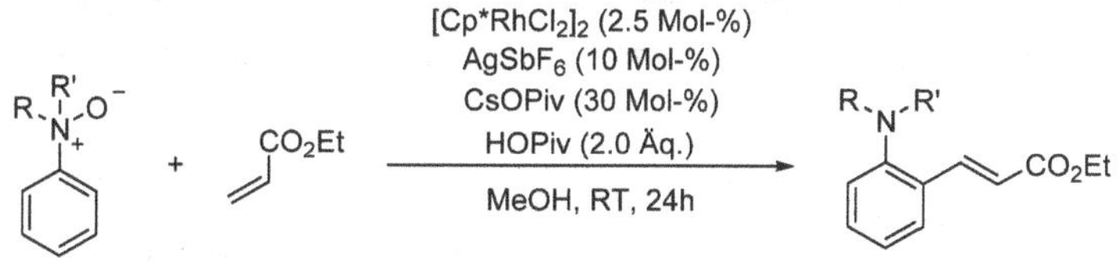

Schema 14: *N*-Oxide als interne oxidierende Traceless Directing Group.[33]

CHANG *et al.* konnten die Traceless Reaktivität der *N*-Oxide ebenfalls auf Chinolin-*N*-Oxide übertragen.[34]

1.3 Synthese von Cinnolin-Derivaten

Heterocyclen sind sehr wichtige Strukturmotive in verschiedenen Pharmazeutika, ebenso wie in vielen Naturstoffen.[35] Aus diesem Grund sind verschiedene Synthesemethoden für die Darstellung dieser Heterocyclen und deren zugehöriger Derivate von großer Bedeutung. Eine Variante für die Synthese einer Vielzahl an Heterocyclen ist die C–H-Bindungsaktivierung. Da sich diese Arbeit nur mit Rh[III]-katalysierter C–H-Bindungsaktivierung befasst, sollen hier auch nur Beispiele mit Rh[III]-Katalysatorsystemen genannt werden. Beispielsweise konnte der Zugang zu Indolen durch die C–H-Bindungsaktivierung ermöglicht werden.[36,37] Ebenfalls konnten verschiedene 6-Ring Heterocyclen durch diese Methode synthetisiert werden. Die Synthese von Isochinolin-Derivaten durch Rh[III]-katalysierte C–H-Bindungsaktivierung gelang beispielsweise mit Iminen als dirigierende Gruppe.[38,39,40] In diesen Methoden wurden jeweils Alkine oder konjungierte Olefine als Reaktionspartner verwendet

(Schema 15). Bei Verwendung von unsymmetrischen Alkinen wurden in diesen Syn-
theseprotokollen jedoch verschiedene Regioisomere beobachtet.

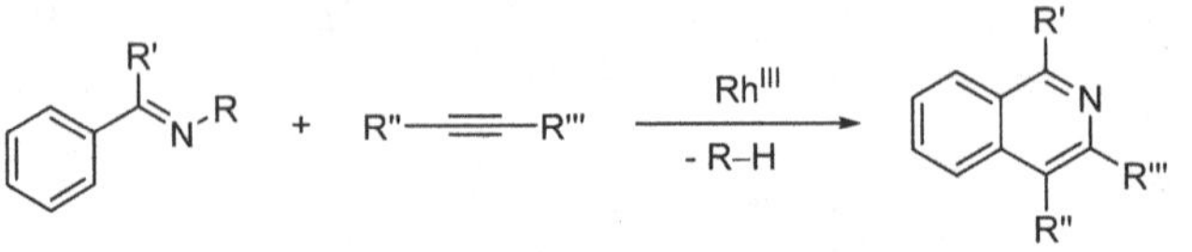

R' = Bn, R" = Me,H, R"'/R"' = Alkyl, Aryl (Lit. 38)
R' = H, R" = ^{t}Bu, R"/R"' = Alkyl, Aryl (Lit. 39)
R' = Me, Et, ^{i}Pr, R" = OPiv, Kopplungspartner: konj. Olefine (Lit. 40)

**Schema 15: Darstellung von Isochinolinen durch Rh^{III}-katalysierte C–H-
Bindungsaktivierung.[38,39,40]**

GLORIUS *et al.* zeigten 2013 einen weiteren Rh^{III}-katalysierten Zugang zu Isochinolinen, durch Verwendung von Diazo-Verbindungen als Reaktionspartner
(Schema 16). Diese Methode für die Darstellung von Isochinolinen war das erste
Reaktionsprotokoll dieser Substratklasse für eine selektive intermolekulare Cyclisierung.[41]

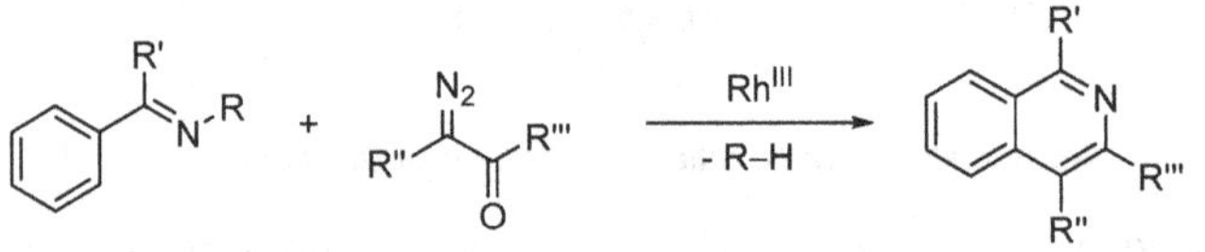

R' = Me, Ph, OEt, R = OMe, H, R" = COOEt, R"' = Me

Schema 16: Darstellung von Isochinolinen mit Diazo-Verbindungen.[41]

Doch nicht nur Heterocyclen mit einem im Cyclus enthaltenem Heteroatom sind er-
strebenswert, sondern ebenfalls solche mit mehreren enthaltenen Heteroatomen im
Cyclus. Die Darstellung von Sulfoximinen gelang GLORIUS *et al.* und BOLM *et al.* mit
α-MsO/TsO Ketonen als oxidierte Alkin Äquivalente, Alkinen sowie Diazo-
Verbindungen (Schema 17).[42,43,44]

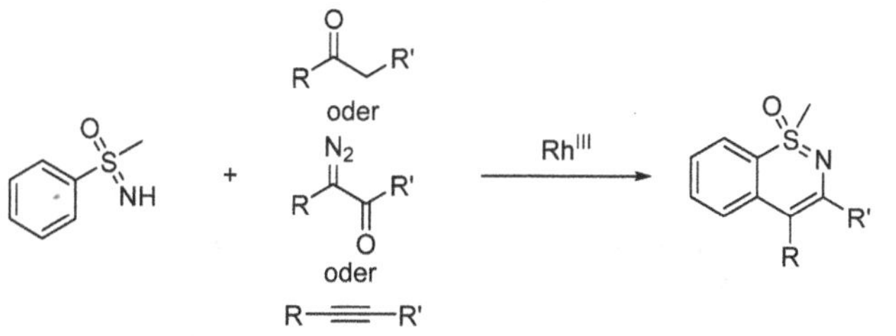

R = Ph, Me, R' = OTs, OMs (Lit. 42)
R = H, Me, Et, R' = COOEt, COOMe, Tos, PO(OMe)$_2$, COEt für Diazo-Verbindungen (Lit. 43)
R, R' = Alkyl, Aryl für Alkine (Lit. 44)

Schema 17: Darstellung von Sulfoximinen mit α-MsO/TsO/ Ketonen als oxidierte Alkin Äquivalente, Alkinen und Diazoverbindungen.[42,43,44]

Eine andere wichtige Klasse an Naturstoffen, sind die Cinnoline (Abbildung 2).[45]

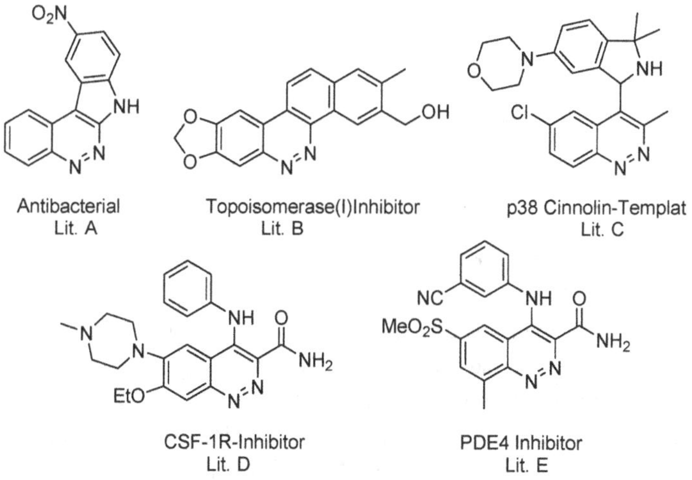

Antibacterial
Lit. A

Topoisomerase(I)Inhibitor
Lit. B

p38 Cinnolin-Templat
Lit. C

CSF-1R-Inhibitor
Lit. D

PDE4 Inhibitor
Lit. E

Abbildung 2: Cinnolin-Derivate und Anwendung dieser Derivate.[45]

Die Synthese dieser Derivate durch Rh^{III}-katalysierte C–H-Bindungsaktivierung ist bisher in der Literatur wenig erforscht. Dies wird begründet durch das schwer zugängliche Strukturmotiv der unsubstituierten N=N-Doppelbindung, das via C–H-Bindungsaktivierung nicht leicht darstellbar ist.

KIM et al.[46] und LEE et al.[47] gelang gleichzeitig 2015 die Darstellung von Cinnolin-3(2H)-on-Derivaten. Diese konnten unter Verwendung von Diazobenzol als dirigierende Gruppe jedoch das Strukturmotiv der N=N-Doppelbindung nicht erhalten (Schema 18).

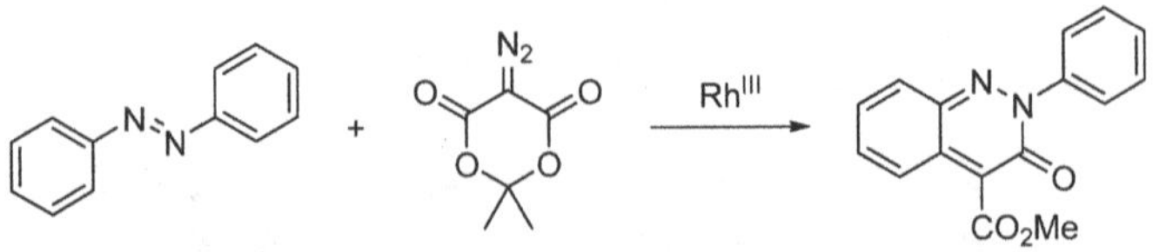

Schema 18: Darstellung von Cinnolin-3(2H)-on-Derivaten via C–H-Bindungs-aktivierung.[46,47]

2013 gelang es CHENG et al.[48] und YOU et al.[49] Cinnolinium-Salze durch Rh[III]-kata-lysierte C–H-Bindungsaktivierung darzustellen (Schema 19). Diese nutzten alkylierte oder arylierte Diazen-Verbindungen zusammen mit Alkinen als Kopplungspartner. Jegliche Produkte konnten dabei nur als Cinnolinium-Salz-Derivate isoliert werden. Von YOU et al. wurden ebenfalls vier Beispiele für die Darstellung von neutralen Cin-nolin-Derivaten (R=ᵗBu) beschrieben.[49] Dieser Anwendungsbereich ist jedoch sehr limitiert und zeigt wiederum die Schwierigkeit der Darstellung von neutralen Cinnolin-Derivaten auf.

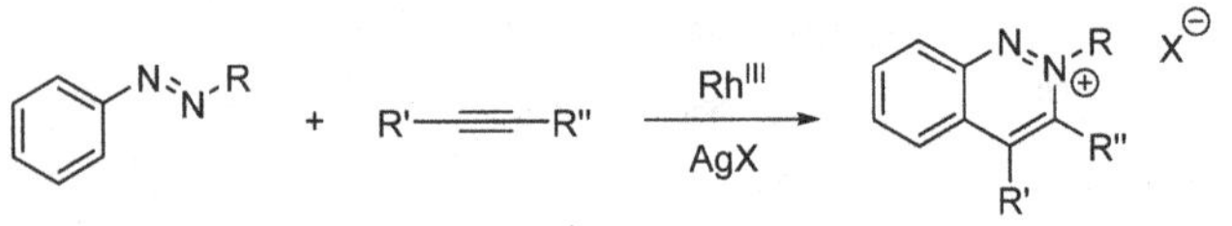

R = Ph, R'=R" = Alkyl, Aryl (Lit. 48)
R = Ph, ᵗBu, R'=R" = Alkyl, Aryl (Lit. 49)

Schema 19: Darstellung von Cinnolinium-Salz-Derivaten via C–H-Bindungs-aktivierung.[48,49]

Bisher erwies sich keine dirigierende Gruppe, die sowohl die C–H-Bindungs-aktivierung unterstützt und gleichzeitig eine Abgangsgruppe besitzt, als geeignet für die Darstellung von neutralen Cinnolin-Derivaten. Die 2015 von ZHAO in der Gruppe GLORIUS eingeführten Diazencarboxylate,[50] können einen möglichen neuen Zugang für neutrale Cinnolin-Derivate darstellen. Mit diesen dirigierenden Gruppen konnte bereits gezeigt werden, dass die C–H-Bindungsaktivierung bei Raumtemperatur möglich ist. Somit können milde und reaktive Bedingungen gewährleistet werden, sodass die Synthese von neutralen Cinnolin-Derivaten ermöglicht werden kann.

1.4 SO₂-Insertionen ausgehend von DABSO als SO₂-Surrogat

Sulfonyl-Gruppen sind wichtige funktionelle Gruppen in Molekülen und finden eine sehr große Anwendung in der pharmazeutischen Industrie. Aus diesem Grund ist die direkte Einführung von SO₂-Gruppen in Moleküle von großem Interesse. DABSO als

SO$_2$-Surrogat konnte zunächst 2009 von der Gruppe WILLIS effektiv für die Aminosulfonylierung von Aryl-Halogeniden genutzt werden (Schema 20).[51]

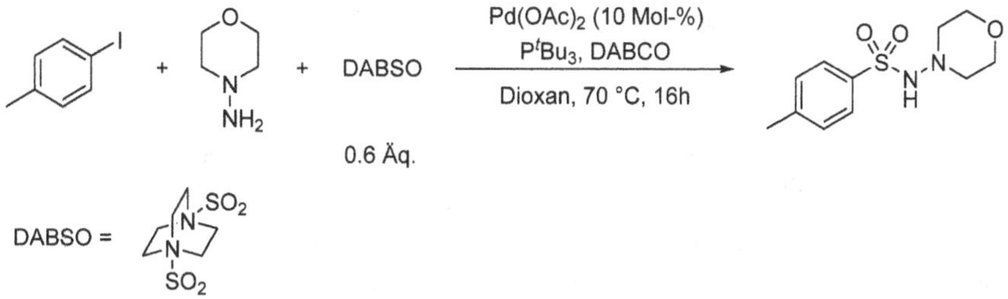

Schema 20: Erstes Beispiel der Anwendung von DABSO als SO$_2$-Surrogat.[51]

Seither wurde sowohl der Zugang zu Sulfonen[52] als auch zu Sulfonamiden[53] ausgehend von DABSO als SO$_2$-Surrogat ermöglicht. Der Nachteil dieser Synthesen ist, dass die Insertion der SO$_2$-Gruppe bisher nur ausgehend von einem Arylhalogenid, Alkylhalogenid oder auch verschiedenen Grignard-Spezies möglich war (Schema 21). Dabei wurde jeweils immer eine stöchiometrische Menge an Reagenz verwendet.

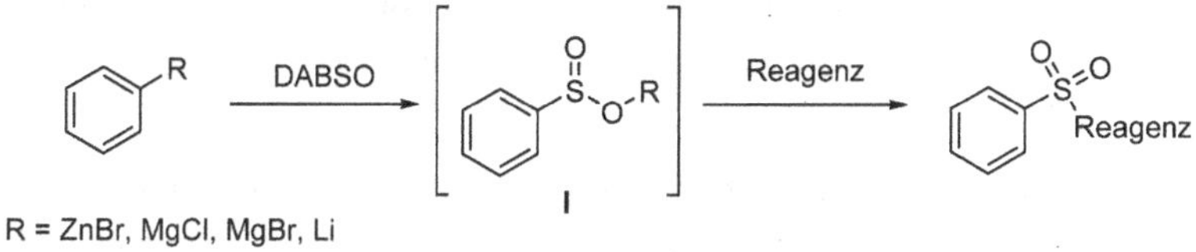

R = ZnBr, MgCl, MgBr, Li

Schema 21: Bisherige Einführungsmöglichkeit von SO$_2$-Gruppen mit DABSO.

Nach der Einführung der SO$_2$-Gruppe entsteht das reaktive Intermediat (I), welches anschließend direkt in einer Ein-Topf-Synthese mit dem jeweiligen Reagenz umgesetzt werden kann. Als Reagenzien können in diesem Fall sowohl Nukleophile als auch Elektrophile gewählt werden. Zwei ausgewählte Beispiele für die Veranschaulichung sind in Schema 22/23 dargestellt.

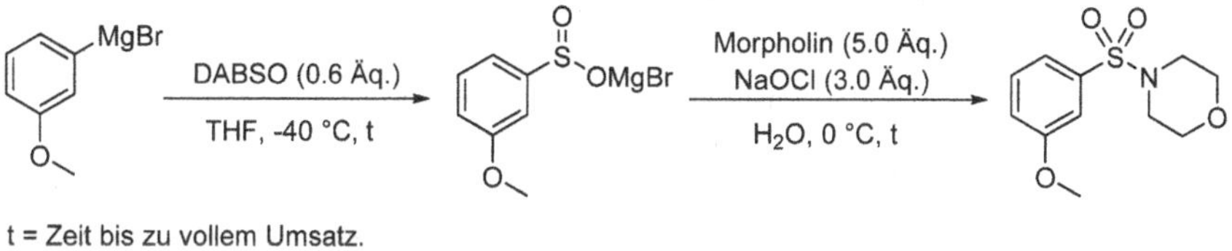

t = Zeit bis zu vollem Umsatz.

Schema 22: Einführung der SO$_2$-Gruppe mit anschließender Umsetzung mit einem Nukleophil.[53]b]

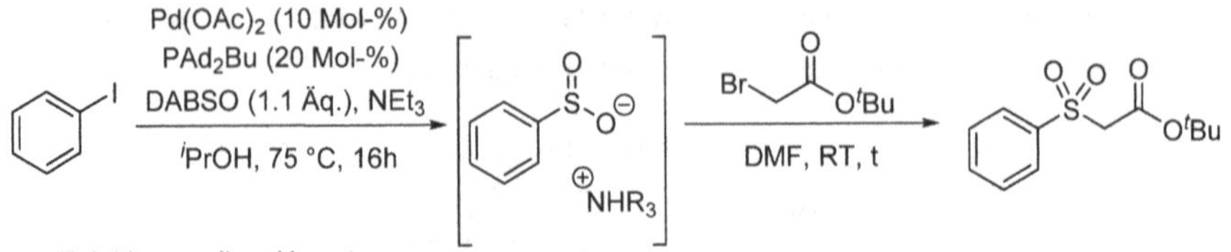

Pd(OAc)$_2$ (10 Mol-%)
PAd$_2$Bu (20 Mol-%)
DABSO (1.1 Äq.), NEt$_3$
^{i}PrOH, 75 °C, 16h

DMF, RT, t

t = Zeit bis zu vollem Umsatz.

Schema 23: Einführung der SO$_2$-Gruppe mit anschließender Umsetzung mit einem Elektrophil.[52]d)

Die direkte Einführung der SO$_2$-Gruppe via metallkatalysierter C–H-Bindungsaktivierung mit DABSO ist bisher noch nicht in der Literatur beschrieben.

1.5 Metall katalysierte Trifluoromethylthiolierung

Aufgrund der hohen Lipophilie der SCF$_3$-Gruppe, besteht ein großes Interesse an Aryl-Trifluoromethylsulfiden (Ar–SCF$_3$) in der pharmazeutischen Chemie sowie in der Agrochemie.[54,55] Aus diesem Grund ist es von großer Bedeutung möglichst effiziente und direkte Synthesen für die Einführung von SCF$_3$-Gruppen zu entwickeln. Für die Einführung der SCF$_3$-Gruppen wurde eine Vielzahl an nukleophilen und elektrophilen Reagenzien entwickelt. Aus diesem Grund ist es möglich sowohl auf SCF$_3^-$-Quellen sowie SCF$_3^+$-Quellen zurückzugreifen (siehe folgende Beispiele, Schema 24-28).

Eine mögliche aus der Literatur bekannte Methode für die Einführung der SCF$_3$-Gruppe ist der Halogen-SCF$_3$-Austausch. SCHOENEBECK et al.[56] gelang eine Nickel-katalysierte (Schema 24) und LIU et al.[57] eine Kupfer-katalysierte Methode (Schema 25) für die selektive Einführung der SCF$_3$-Gruppe.

Ni(cod)$_2$ (10 Mol-%)
dppf (10 Mol-%)
Toluol, 40 °C, 12h

+ (MeN)$_4$SCF$_3$
1.5 Äq.

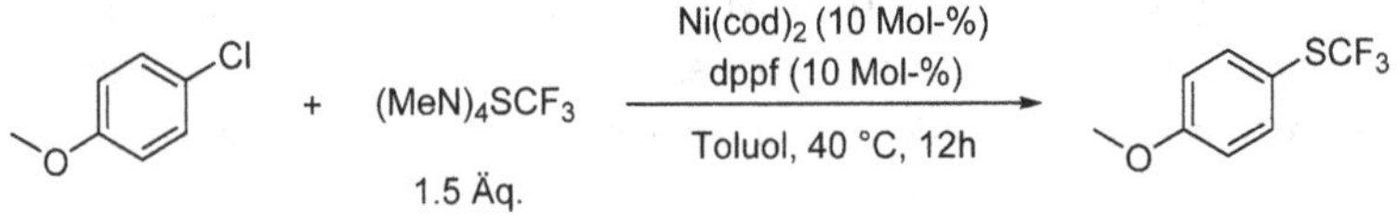

Schema 24: Methode nach SCHOENEBECK et al. für die Einführung der SCF$_3$-Gruppe.[56]

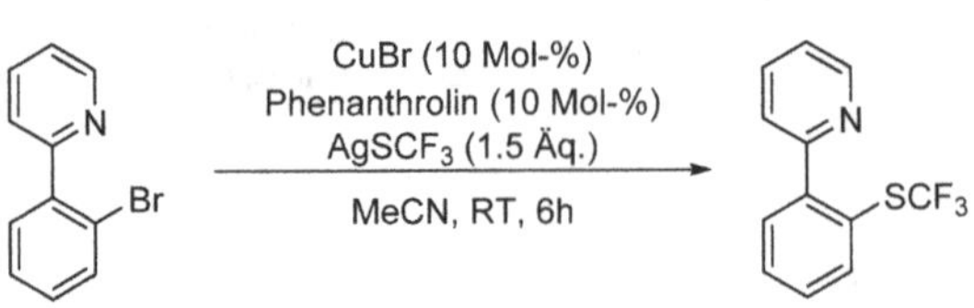

CuBr (10 Mol-%)
Phenanthrolin (10 Mol-%)
AgSCF$_3$ (1.5 Äq.)
MeCN, RT, 6h

Schema 25: Methode nach LIU et al. für die Einführung der SCF$_3$-Gruppe.[57]

Außerdem sind bereits einige Methoden für die direkte Einführung der SCF$_3$-Gruppe durch C–H-Bindungsaktivierung beschrieben. DAUGULIS et al. haben 2012 eine Kupfer-katalysierte Methode mit dem hoch reaktiven SCF$_3$-Dimer entwickelt. Als dirigierende Gruppe nutzten diese Chinolin-8-aminobenzamide, eine sehr rigide und starre dirigierende Gruppe (Schema 26).[58]

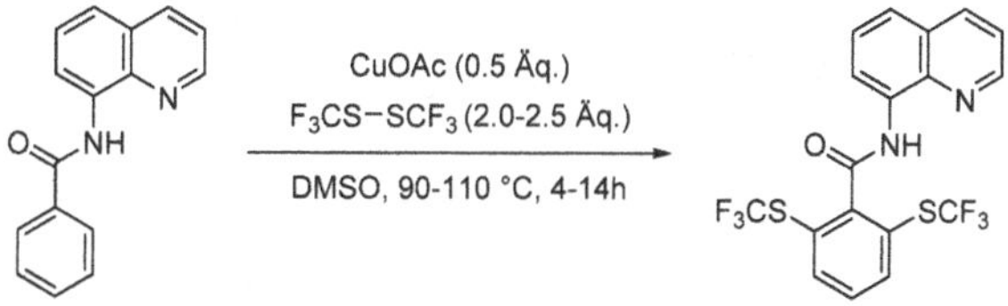

Schema 26: Methode nach DAUGULIS et al. für die Einführung der SCF$_3$-Gruppe.[58]

Die Einschränkung dieser Reaktion ist das instabile und sehr reaktive Reagenz, das in einem hohen Überschuss eingesetzt wird. Außerdem wird nur das disubstituierte Reaktionsprodukt erhalten. Der Erhalt des monosubstituierten Reaktionsprodukts wird nur beobachtet, sofern die zweite ortho-Position zur dirigierenden Gruppe mit einem Substituenten geblockt ist.

Eine andere undirigierte direkte Kupfer-katalysierte oxidative Methode zur Trifluoromethyltiolierung von benzylischen C–H-Bindungen wurde von QING et al. beschrieben (Schema 27).[59] Hierbei wurde wiederum AgSCF$_3$ als SCF$_3$-Reagenz verwendet.

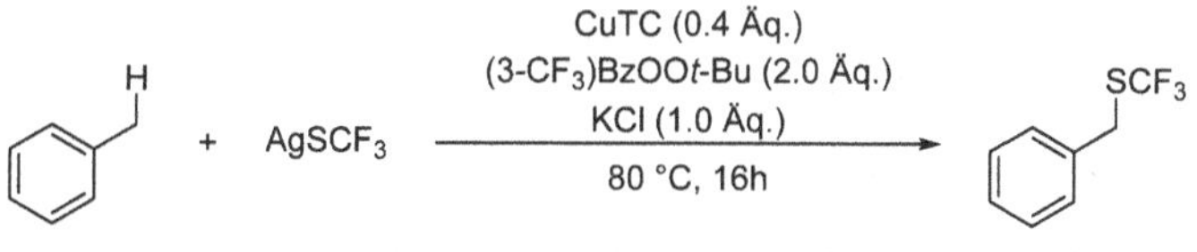

60 equiv.

Schema 27: Methode nach QING et al. für die Einführung der SCF$_3$-Gruppe.[59]

Ein Nachteil dieser Syntheseroute ist die Verwendung von 60 Äquivalenten an Substrat. Der Vorteil der Synthese ist die einfache und direkte Möglichkeit der Einführung der SCF$_3$-Gruppe an einem breiten Substratanwendungsbereich.

Die Erweiterung dieser Methode auf unaktivierte Alkylsubstrate wurde von CHEN et al. 2015 beschrieben.[60] Ebenfalls konnten diese unter Verwendung von AgSCF$_3$ sowie eines Oxidants die SCF$_3$-Gruppe an Alkyl-Substituenten einführen.

Durch die Palladium-katalysierte C–H-Aktivierung gelang es SHEN et al. zunächst die SCF$_3$-Gruppe selektiv an Phenylpyridinen als Substrate einzuführen.[61] Dies war die erste monoselektive Einführung dieser Gruppe an sp^2-C–H-Bindungen. Zusätzlich konnten diese zum ersten Mal eine SCF_3^+-Quelle durch C–H-Bindungsaktivierung einführen. Als SCF_3^+-Quelle wurde in dieser Arbeit das N-SCF_3-Succinimid verwendet (Schema 28).

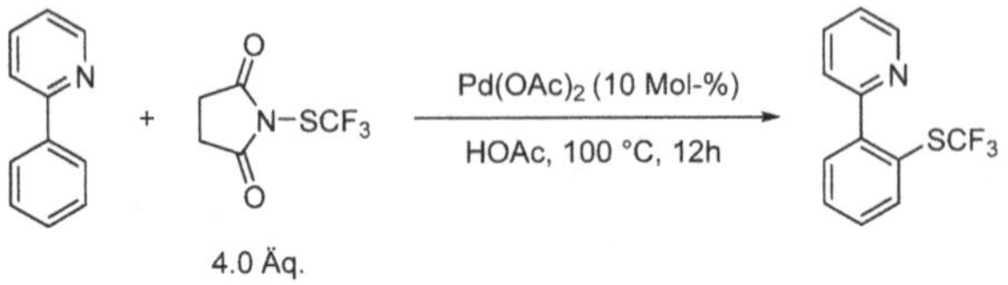

Schema 28: Methode nach SHEN **et al. für die Einführung der SCF$_3$-Gruppe.**[61]

Eine Begrenzung der Reaktion ist, dass vier Äquivalente an dem teurem und syntheseaufwändigem N-SCF_3-Succinimid für die Reaktion benötigt werden. Zudem sind die Reaktionsbedingungen sehr harsch, weshalb die Reaktion nur für die robuste Substratklasse der Phenylpyridine zugänglich ist.

Unter Verwendung von zwei Äquivalenten an AgSCF$_3$ gelang es HUANG et al. mildere Konditionen für die analoge Reaktion zu entwickeln. Unter Verwendung von drei Äquivalenten Selectfluor und fünf Äquivalenten Essigsäure konnten diese einen ähnlichen Substratanwendungsbereich abdecken (Phenylpyridine, Phenylpyrimidine und zwei unterschiedliche Benzamide, Schema 29).[62]

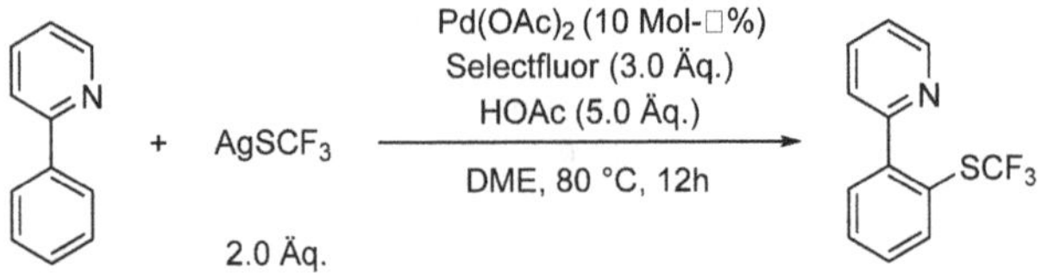

Schema 29: Methode nach HUANG **et al. für die Einführung der SCF$_3$-Gruppe.**[62]

PANNECOUCKE et al. gelang 2015 eine Palladium-katalysierte sp^3-C–H-Funktionalisierung mit dem N-SCF_3-Phthalimid-Reagenz.[63] Die isolierten Ausbeuten der Produkte lagen dabei jedoch lediglich zwischen 8%-53% (Schema 30).

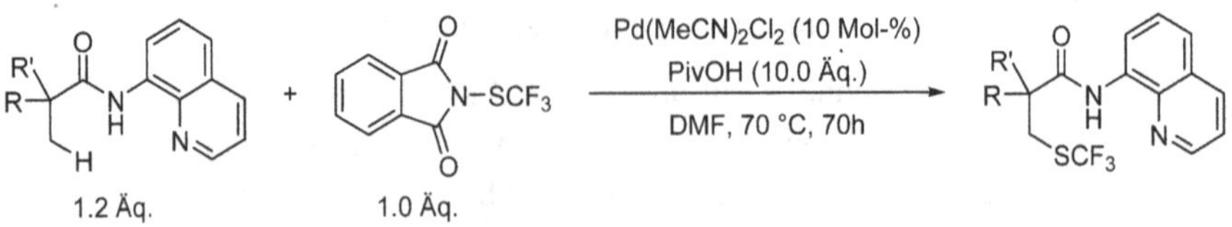

Schema 30: Methode nach PANNECOUCKE **et al. für die Einführung der SCF$_3$-Gruppe.**[63]

Aus den bisher in der Literatur beschriebenen C–H-Bindungsaktivierungsprotokollen wird deutlich, dass die direkte Einführung der SCF$_3$-Gruppe noch nicht hinreichend erforscht ist. Lediglich ein kleiner Substratanwendungsbereich ist für die sp^2-C–H-Bindungsaktivierung beschrieben. Zudem beschränken sich die Katalysatorsysteme auf Palladium und Kupfer basierte Reaktionsprotokolle.

1.6 Metall katalysierte Chlorierung

Halogenierte Moleküle sind essentiell für die organische Chemie. Diese werden zum einen für die effiziente und einfache Synthese von Organometallverbindungen,[64] zum anderen für elektrophile Aromatische Substitutionsreaktionen genutzt.[65] Außerdem sind halogenierte Moleküle Bestandteil in verschiedenen Naturstoffprodukten, sowie Medikamenten (Abbildung 3, Auswahl an chlorierten Pharmaka).[66]

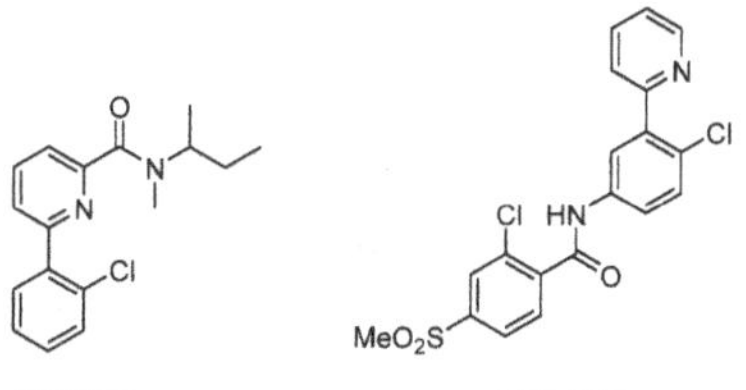

PK11195
Lit. A

GDC-0499
Lit. B

Abbildung 3: Auswahl an chlorierten Pharmarka.

Aufgrund der breiten Anwendbarkeit von halogenierten Molekülen ist es wichtig, dass Methoden entwickelt werden um diese Produkte selektiv herzustellen. Durch Rh^{III}-katalysierte C–H-Bindungsaktivierung wurden bereits Methoden für die Bromierung und Iodierung von Arenen,[67] Olefinen[68] und Heteroaromaten[69] von GLORIUS et al. beschrieben. Dieser Anwendungsbereich konnte ebenfalls in derselben Gruppe auf die Co^{III}-katalysierte C–H-Bindungsaktivierung übertragen werden.[70] Die selektive Bromierung und Iodierung von vielen Substraten ist im Gegensatz zur Chlorierung bereits ausführlich erforscht.

Die ersten Arbeiten zur Palladium-katalysierten selektiven Chlorierung bis 2010 wurden von SANFORD in einem Übersichtsartikel zusammengefasst.[71] Seither beschäftigten sich die Gruppen um SHI[72] und RAO[73] mit der selektiven Chlorierung, wobei RAO et al. einen sehr breiten Substratanwendungsbereich abdecken konnten.

Die Arbeiten für die Chlorierung durch Rh^{III}-katalysierte C–H-Bindungsaktivierung sind bisher auf zwei literaturbekannte Methoden einzugrenzen. XU et al. gelang 2013 eine selektive Chlorierung von 7-Azaindolen durch C–H-Bindungsaktivierung. Als Chlorierungsreagenz nutzten diese 1,2-Dichlorethan (Schema 31).[74]

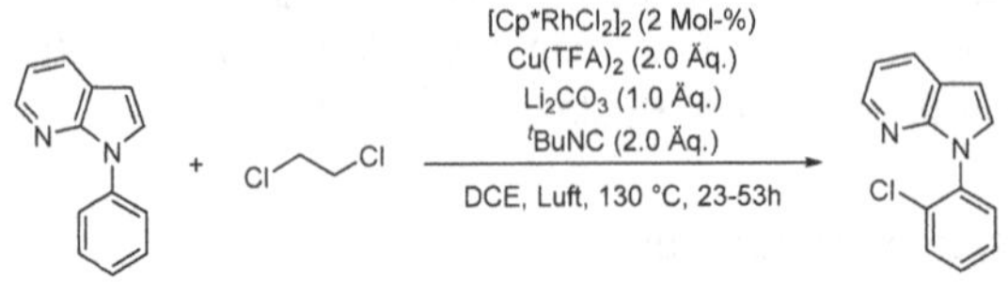

Schema 31: Selektive Chlorierung von 7-Azaindolen durch Rh^{III}-katalysierte C–H-Bindungsaktivierung.[74]

Der Nachteil der Reaktion ist neben der komplexen Katalysatormischung zusätzlich der eingeschränkte Substratbereich.

2014 gelang es WANG et al. mit Phenylpyridinen, Phenylpyrimidinen und Phenylpyrazolen als dirigierende Gruppe die selektive Chlorierung in *ortho*-Position durchzuführen (Schema 32).[75]

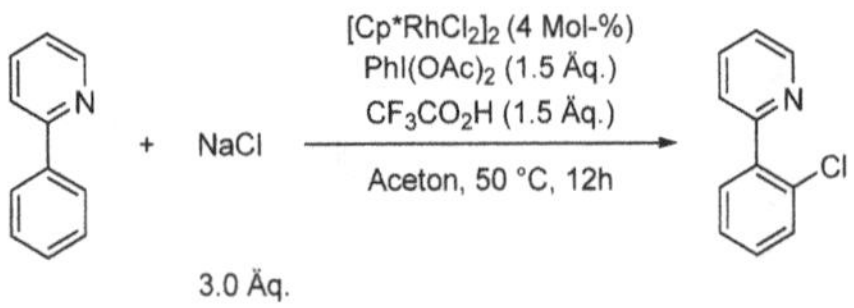

Schema 32: Selektive Chlorierung von Phenylpyridin durch Rh^{III}-katalysierte C–H-Bindungsaktivierung.[75]

Der Vorteil dieser Methode ist, dass als Chlorid-Quelle ein billiges und leicht zugängliches Salz genutzt wird. Jedoch wird für die Aktivierung des Salzes Diacetoxyiodobenzol als Oxidants benötigt, das vergleichsweise teuer ist. Außerdem ist die Methode durch den kleinen Anwendungsbereich eingeschränkt.

Die bisher wenigen Beispiele für die Chlorierung von Molekülen durch die Rh^{III}-katalysierte C–H-Bindungsaktivierung zeigen deutlich, dass diese Funktionalisierung komplex und somit kein leichter Zugang zu chlorierten Reaktionsprodukten durch diese Methode möglich ist. Deshalb ist die Erforschung einer Chlorierungsmethode für einen breiteren Substratanwendungsbereich von großer Bedeutung.

2 Motivation

2.1 C–H-Bindungsaktivierung an Diazen-Carboxylaten mit anschließender Abspaltung der dirigierenden Gruppe

Bei der C–H-Bindungsaktivierung ist die Vorfunktionalisierung eines Substrats durch eine dirigierende Gruppe notwendig, um eine selektive C–H-Bindungsaktivierung zu ermöglichen. Allerdings kann diese dirigierende Gruppe nach der C–H-Bindungsaktivierung in den meisten Fällen nicht wieder abgespalten werden. Aus diesem Grund ist das Interesse an sogenannten Traceless-Directing Groups hoch. Traceless-Directing Groups ermöglichen zunächst die selektive C–H-Bindungsaktivierung und können nach der neuen C–C- oder C–FG-Bindungsknüpfung selektiv entfernt werden. Die einzigen bisher in der Literatur bekannten Traceless-Directing Groups sind Carbonsäuren, Aldehyde und N-Oxide.[28-34] Die 2015 in der Arbeitsgruppe GLORIUS veröffentlichten Diazen-Carboxylate[50] können theoretisch ebenfalls als Traceless-Directing Group fungieren. Durch gruppeninterne Forschungsergebnisse war bereits bekannt, dass diese dirigierende Gruppe sowohl unter Erwärmung, als auch unter bestimmten anderen Konditionen nicht stabil ist. Zusätzlich war ebenfalls bekannt, dass die Diazen-Carboxylate unter sehr milden Reaktionsbedingungen bereits die C–H-Bindungsaktivierung ermöglichen. Diazen-Carboxylate könnten somit einen neuen Zugang zu einer neuen Klasse an Traceless-Directing Groups ermöglichen (Schema 33).

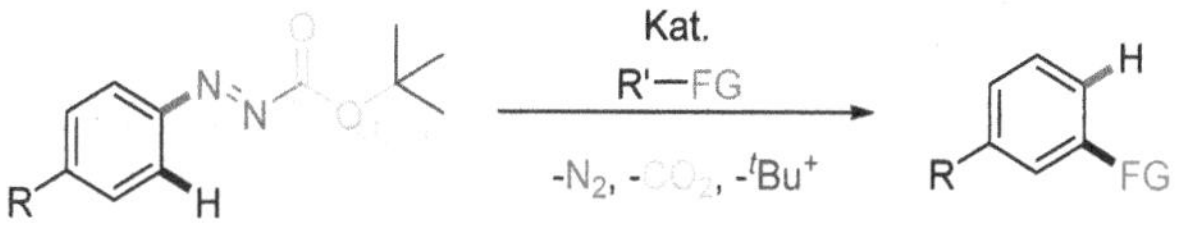

Schema 33: Synthesestrategie von Diazen-Carboxylaten als Traceless-Directing Group.

Diese Arbeit wurde mit dem Ziel angefertigt, einerseits die Vielfältigkeit dieser dirigierenden Gruppe und andererseits die Stabilität der dirigierenden Gruppe unter verschiedenen Reaktionsbedingungen zu erforschen.

2.2 Selektive Rh[III]-katalysierte C–H-Bindungsaktivierung für die direkte Synthese von neutralen Cinnolin-Derivaten

Abschnitt 1.3 ist zu entnehmen, dass es bisher nicht möglich war eine direkte und effiziente Synthese für die Darstellung von Cinnolin-Derivaten durch C–H-Bindungsaktivierung zu entwickeln. Vor allem die Synthese von Cinnolin-Derivaten durch C–H-Bindungsaktivierung stellt eine besondere Herausforderung dar, da die dirigierende Gruppe zwei wichtige Parameter erfüllen muss. Zum einen muss die dirigierende Gruppe eine interne Abgangsgruppe enthalten und zum anderen die C–H-Bindungsaktivierung ermöglichen. Die bisher verwendeten alkylierten- oder auch arylierten Diazen-Verbindungen führten lediglich zu der Synthese von Cinnolinium-Salzen, die weniger wichtige Bestandteile in Pharmaka und Naturstoffen darstellen. Erst durch eine zweite Synthesestufe war es möglich die Salze in die korrespondierenden Cinnolin-Derivate zu überführen. Zusätzlich sind diese Syntheserouten nur mit Alkinen als Reagenz in der Literatur beschrieben, was einen weiteren limitierenden Faktor der Reaktionen darstellt.[48,49] Die 2015 in der Arbeitsgruppe GLORIUS veröffentlichten Diazen-Carboxylate können die anspruchsvolle Herausforderung für die direkte Synthese von Cinnolin-Derivaten erfüllen, da zum einen das Diazen die C–H-Bindungsaktivierung ermöglicht und zum anderen die Boc-Schutzgruppe als Abgangsgruppe fungieren kann.[50] Mit Diazoverbindungen als Reaktionspartner, können ideale Bedingungen erfasst werden, da die Carbenvorläufer sehr milde Reaktionspartner darstellen, die schon bei Raumtemperatur sehr reaktiv sind.

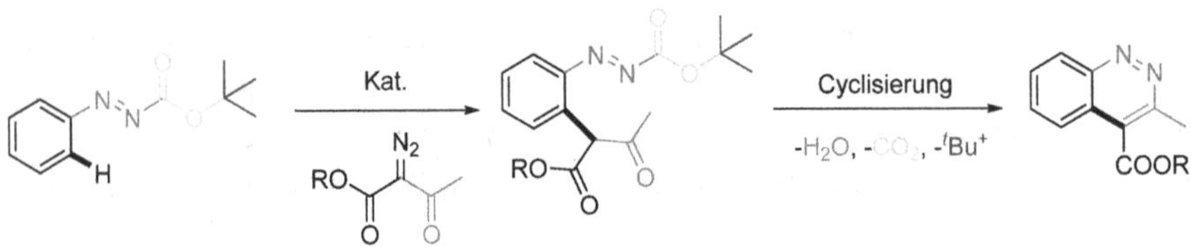

Schema 34: Schematische Darstellung der Synthesestrategie für die direkte und selektive Synthese von Cinnolin-Derivaten.

Außerdem wird kein zusätzliches Oxidationsmittel unter den milden Reaktionsbedingungen benötigt und es ist eine mögliche Cyclisierung zwischen dem Imin und der Carbonylverbindung gegeben. Somit kann in einer Ein-Topf Synthesestrategie das erwünschte Cinnolin-Derivat erhalten werden (Schema 34). Im Rahmen dieser Arbeit wurden die Untersuchung der Syntheseroute und die Reaktionsoptimierung fokussiert.

2.3 Selektive direkte SO$_2$-Insertion durch Rh^{III}-katalysierte C–H-Bindungsaktivierung mit DABSO als SO$_2$-Surrogat

Sulfonyl-Gruppen sind in verschiedenen Pharmaka und vielen Naturstoffen enthalten.[51-53] Generell werden die Sulfonyl-Gruppen dabei durch Oxidation eines Thioethers mit mCPBA-erhalten.[76] Mittlerweile ist es möglich SO$_2$-Gruppen direkt in

Moleküle einzuführen. Dafür werden entweder elementares SO_2 oder sogenannte SO_2-Surrogate verwendet. Ein mögliches Surrogat für die Einführung von SO_2-Gruppen ist (1l4,4l4-diazabicyclo[2.2.2]octan-1,4-diyl)bis(l5-sulfan-dion) (DABSO). Das Ziel dieser Arbeit beruht auf der Idee, eine direkte SO_2-Insertion durch C–H-Bindungsaktivierung mit DABSO zu ermöglichen. Anschließend soll entweder eine mögliche Cyclisierung oder eine weitere Funktionalisierung zu beispielsweise Sulfonamiden oder Sulfonen ermöglicht werden. DABSO wurde bisher noch nicht in der Rh^{III}-katalysierten C–H-Bindungsaktivierung verwendet, weshalb zunächst viele verschiedene bereits bekannte Reaktionsprotokolle getestet werden sollten (Schema 35).

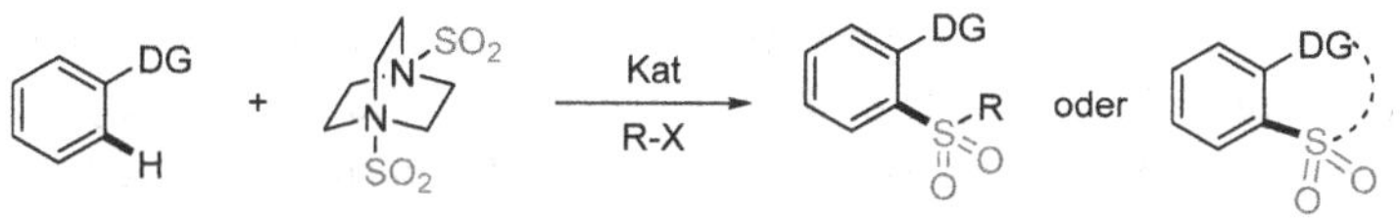

Schema 35: Schematische Darstellung der Synthesestrategie für die direkte SO_2-Insertion mit anschließender Cyclisierung oder Funktionalisierung.

2.4 Selektive Rh^{III}-katalysierte C–H-Bindungsaktivierung für die Darstellung von trifluoromethylthiolierten Reaktionsprodukten

In der pharmazeutischen Chemie und der Agrochemie sind trifluoromethylthiolierte-Reaktionsprodukte und somit die selektive Einführung der SCF_3-Gruppe von großer Bedeutung. Durch diese funktionelle Gruppe resultieren besondere lipophile Eigenschaften für Moleküle.[54,55] Mit diversen Metallkatalysatoren ist die Einführung der SCF_3-Gruppe bisher unter verschiedenen Reaktionsbedingungen und unter Verwendung unterschiedlicher SCF_3-Übertragungsreagenzien beschrieben. Jedoch ist noch keine Einführung dieser funktionellen Gruppe basierend auf Rh^{III}-katalysierter C–H-Bindungsaktivierung literaturbekannt. Aus diesem Grund liegt der Fokus der Forschung auf dem Gebiet der Entwicklung möglicher Reaktionsbedingungen für die selektive Einführung der SCF_3-Gruppe in der *ortho*-Position durch sp^2-C–H-Bindungsaktivierung (Schema 36).

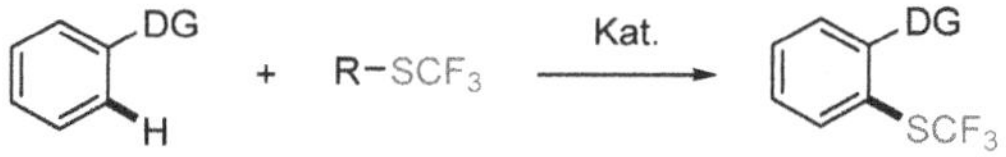

Schema 36: Schematische Darstellung der Synthesestrategie für die Einführung der SCF3-Gruppen.

Ziel dieser Arbeit war zum einen die Untersuchung verschiedener SCF$_3$-Reagenzien und zum anderen die Optimierung der Reaktionsbedingungen. Ebenso sollten die optimierten Reaktionsbedingungen auf verschiedene dirigierende Gruppen in Bezug auf den Anwendungsbereich getestet werden.

2.5 Selektive Rh^{III}-katalysierte C–H-Bindungsaktivierung für die Chlorierung von Arenen, Olefinen und Heteroaromaten

In der organischen Synthese ist die breite Einsatzmöglichkeit von halogenierten Verbindungen von sehr hoher Bedeutung. Aus diesem Grund werden neue, effiziente und vielseitige Methoden für die Halogenierung verschiedener Moleküle erforscht. In der Literatur sind bereits viele mögliche Palladium-katalysierte Halogenierungsmethoden bekannt.[71-73] In den Jahren 2012 bis 2015 sind aus der Arbeitsgruppe GLO-RIUS verschiedene Rh^{III}-katalysierte Methoden zur Bromierung und Iodierung von Arenen, Olefinen und auch Heteroaromaten veröffentlicht worden.[67-69] Dabei wurden jeweils die *N*-iodierten oder *N*-bromierten Succinimide (NIS, NBS) oder auch Phthalimide (NIP, NBP) als Halogenquelle verwendet. Allerdings wurde keine Methode für die Chlorierung jeglicher Substrate basierend auf diesen Reagenzien gefunden, da sowohl NCP (*N*-Chlorphthalimid) als auch NCS (*N*-Chlorsuccinimid) eine deutliche geringere Reaktivität aufweisen. Mit den bereits bekannten Methoden konnte kein erfolgreich chloriertes Produkt gefunden werden (Schema 37).

Eine weitere Zielsetzung dieser Arbeit bestand darin, die Reaktivität von NCP und NCS zu erhöhen, sowie weitere Chlor-Übertragungsreagenzien auf ihre Anwendbarkeit zu überprüfen.

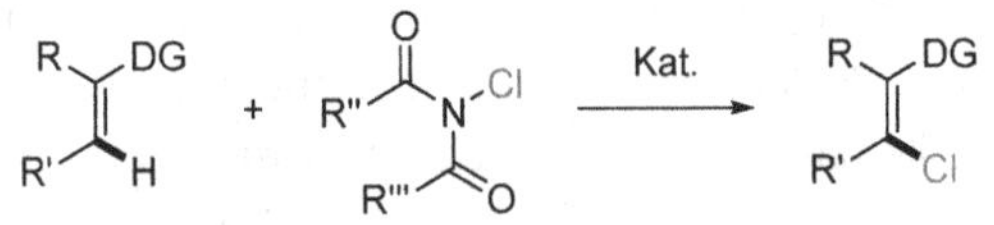

Schema 37: Schematische Darstellung der Synthesestrategie für die Chlorierung von Arenen, Olefinen und Heteroaromaten.

3 Ergebnisse und Diskussion

3.1 Strategie für die Verwendung von Diazen-Carboxylate als neue Traceless-Directing Group

Diazen-Carboxylate wurden von ZHAO aus der GLORIUS Gruppe genutzt um Amino-indoline sowie Aminoindole synthetisieren zu können.[50] Dabei konnte beobachtet werden, dass grundsätzlich die Boc-Schutzgruppe an dem gewünschten Produkt erhalten blieb. Erst durch Erwärmung konnte diese Schutzgruppe abgespalten und das freie Indolin oder Indol erhalten werden. Für die Synthese der Aminoindoline wurden Acrylate und monosubstituierte Olefine genutzt. Es konnte gezeigt werden, dass die Diazen-Carboxylate als dirigierende Gruppe unter sehr milden Reaktions-bedingungen bei Raumtemperatur bereits die C–H-Bindungsaktivierung ermöglichen. In dieser Arbeit sollte die Anwendung dieser dirigierenden Gruppe als Traceless-Directing Group fokussiert werden (Abbildung 4). Aus literaturbekannten Synthesen ist die Boc-Schutzgruppe eine der verbreitesten Schutzgruppen für Stickstoffverbin-dungen (I, blau/grün).[77] Es gibt mittlerweile viele Möglichkeiten diese unter ver-schiedenen Bedingungen abzuspalten. Die bekanntesten sind zum einen eine saure Abspaltung und zum anderen die Abspaltung durch Erwärmung.

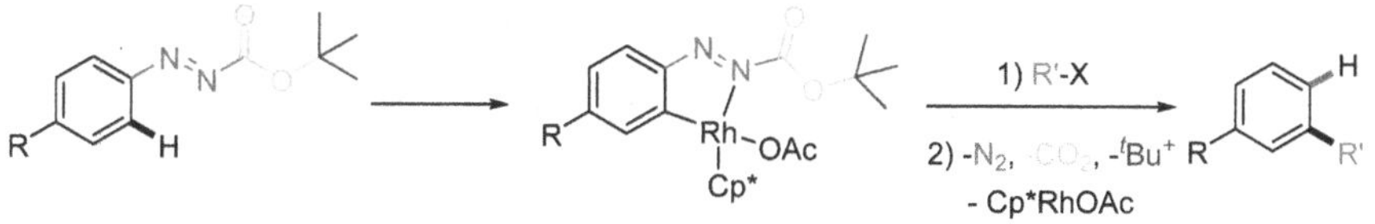

Abbildung 4: Diazen-Carboxylate als mögliche Traceless-Directing Group.

Nach Abspaltung der Boc-Schutzgruppe entsteht formal eine Diazonium Verbindung (I, rot), die ebenfalls durch Erwärmung, als Stickstoff-Molekül (N_2) die Verbindung verlassen kann. Somit kann die dirigierende Gruppe vollständig abgebaut werden.

Zunächst war das Ziel dieser Arbeit Reaktionsbedingungen zu finden, die zuerst die C–H-Bindungsaktivierung unterstützen. Gleichzeitig oder danach sollte im Anschluss an die C–C- Bindungsknüpfung im gleichen Reaktionsgefäß unter ähnlichen Reakti-onsbedingungen die dirigierende Gruppe abgespalten werden, sodass das ohne die dirigierende Gruppe funktionalisierte Molekül (III) erhalten werden konnte.

3.1.1 Substratsynthese .

Der Syntheseweg für das Startmaterial setzte sich aus zwei aufeinanderfolgenden literaturbekannten Reaktionsschritten zusammen (Schema 38). Zunächst wurde Phenylhydrazin mit Boc-Anhydrid nach einer modifizierten Syntheseroute aus der GLORIUS-Gruppe umgesetzt (für die exakte Vorschrift sei auf den Experimentalteil verwiesen Kapitel 5.2.1/5.2.2).[36]

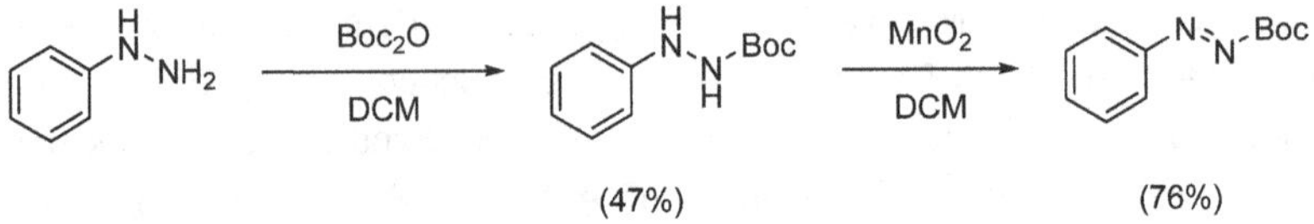

(47%)   (76%)

Schema 38: Syntheseweg für die Darstellung des Diazen-Carboxylats.

Das resultierende Boc-geschützte Phenylhydrazin wurde in einem darauffolgenden Schritt quantitativ mit aktiviertem MnO$_2$ direkt zum Diazen-Carboxylat oxidiert.[50]

Die Diazoverbindungen für die ersten Testreaktionen wurden in einem Reaktionsschritt erhalten (Schema 39).[78,79] Dafür wurden die entsprechenden β-Carbonylester mit 4-Acetamidobenzolsulfonylazid umgesetzt.

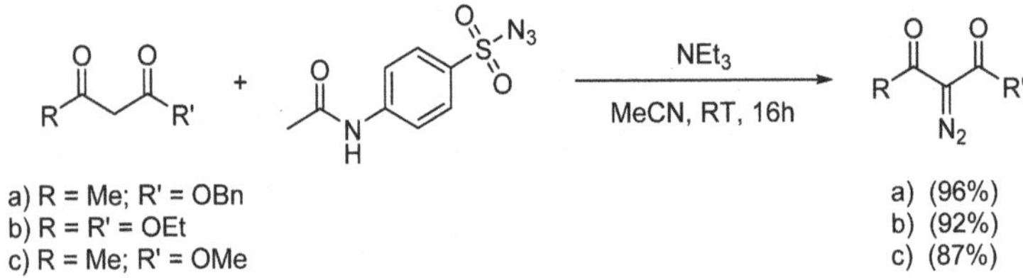

a) R = Me; R' = OBn   a) (96%)
b) R = R' = OEt   b) (92%)
c) R = Me; R' = OMe   c) (87%)

Schema 39: Syntheseweg für die Darstellung der Diazoverbindungen.

3.1.2 Anwendungsbereich von Diazen-Carboxylaten als Traceless-Directing Group

Zunächst wurden Diazo-Diester als formale Carbenvorläufer mit den Diazen-Carboxylaten getestet. Die Diazoverbindungen wurden als Reaktionspartner gewählt, da diese bei Rh^{III}-katalysierten C–H-Bindungsaktivierungen eine hohe Reaktivität aufweisen. Folgende Substrate wurden als erstes auf verschiedene literaturbekannte Reaktionsprotokolle angewandt (Schema 40).

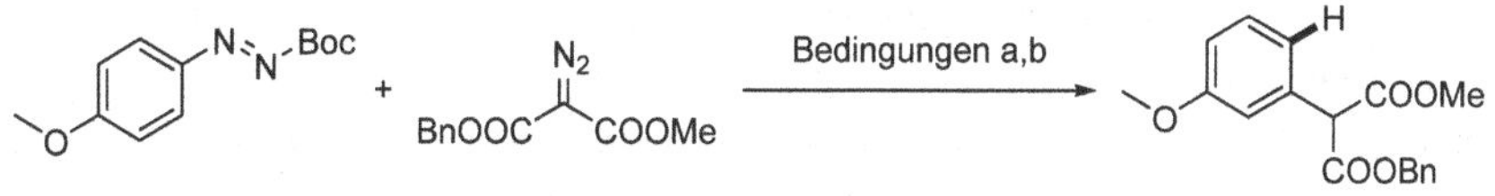

a) Kat. (5 Mol-%); AgSbF$_6$ (20 Mol-%); DCE/HOAc (3:1); 90 °C; 16h; Lit. 50
b) Kat. (5 Mol-%); AgSbF$_6$ (20 Mol-%); KOAc (40 Mol-%); TFE; 90 °C; 16h; Lit. 80

Schema 40: Übertragene Reaktionsprotokolle nach Zhao et al..[50,80]

Im Rahmen dieser Arbeit wurden bewusst zwei unterschiedliche Reaktionsprotokolle gewählt, da die jeweiligen Reaktionsbedingungen sowohl mit dem [Cp*CoI$_2$]$_2$-Katalysatorsystem als auch mit dem [Cp*RhCl$_2$]$_2$-Katalysatorsystem durchgeführt wurden. Die Reaktionsbedingungen nach Zhao et al. waren aus einer veröffentlichten Arbeit mit Rhodium-Katalysator entnommen (Schema 40, Bed. a), wohingegen die ebenfalls nach Zhao et al. aus einer Arbeit mit Cobalt-Katalysator stammten (Schema 40, Bed. b). Unter beiden Reaktionsbedingungen konnte mit dem Cobalt-Katalysatorsystem kein gewünschtes Produkt beobachtet werden (Analysen durch GC-MS und ESI-MS). Es konnte jedoch beobachtet werden, dass die Diazoverbindung unter den gewählten Bedingungen bestehen blieb, wohingegen sich das Diazen-Carboxylat vollständig zersetzte. Mit dem Rhodium-Katalysatorsystem konnte in beiden Reaktionsprotokollen das gewünschte Produkt beobachtet werden (Analysen durch GC-MS und ESI-MS).

Da das gewählte para-OMe-Diazen-Carboxylat aufgrund von elektronischen Einflüssen nicht optimal für die Anwendungsuntersuchungen war, wurde für die folgenden Testreaktionen das unsubstituierte Phenyldiazen-Carboxylat genutzt (Schema 41).

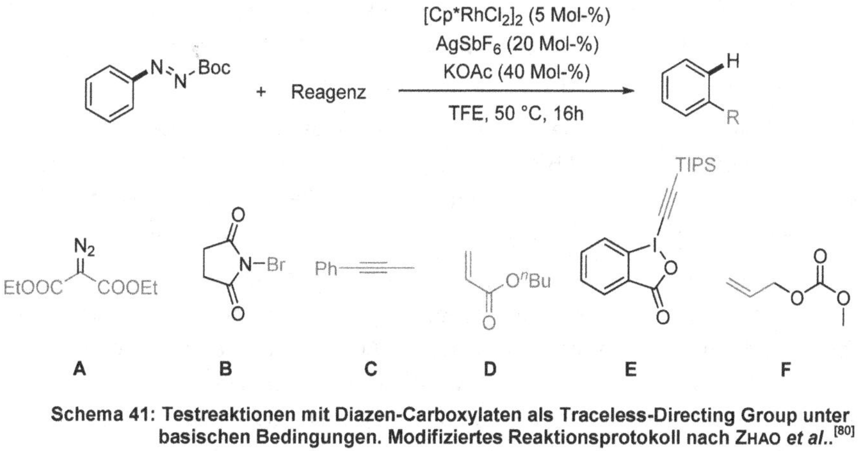

Schema 41: Testreaktionen mit Diazen-Carboxylaten als Traceless-Directing Group unter basischen Bedingungen. Modifiziertes Reaktionsprotokoll nach Zhao et al..[80]

Zunächst wurde der Anwendungsbereich der Reaktion mit verschiedenen Reagenzien unter basischen Bedingungen getestet (Schema 41). Mit Reagenz **A**, **B**, **E** und **F** konnte jeweils das gewünschte Reaktionsprodukt beobachtet werden (GC-MS-Analyse). Mit Reagenz **F** wurde das diallylierte Produkt erhalten. Dabei wurde jeweils der rot-markierte Substituent der Reagenzien aus Schema 41 übertragen. Mit den Reagenzien **C** und **D** konnten Cyclisierungsprodukte beobachtet werden. Im Falle für **C** wurde das korrespondierende Indol-Derivat erhalten (GC-MS-Analyse). Für **D** konnte das cyclisierte Reaktionsprodukt nicht spezifisch zugeordnet werden.

Da für die Reagenzien **B**, **E** und **F** auch saure Bedingungen bekannt sind, wurden ebenfalls diese Bedingungen getestet (Schema 42).[67]

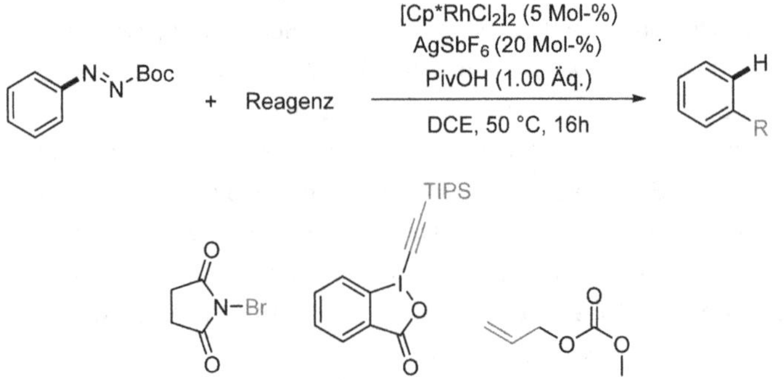

Schema 42: Testreaktionen mit Diazen-Carboxylaten als Traceless-Directing Group unter sauren Bedingungen. Modifiziertes Reaktionsprotokoll nach Schröder et al..[67]

Unter den aufgeführten Reaktionsbedingungen konnte für die Reagenzien **B** und **E** das gewünschte Produkt beobachtet werden (GC-MS-Analyse). Für das Reagenz **F** wurde in diesem Fall ausschließlich das diallylierte Produkt beobachtet.

Für die Bromierung, sowie die Alkinylierung wurde zusätzlich die dibromierte beziehungsweise dialkinylierte *tert*-Butyl-Spezies beobachtet. In diesem Fall muss berücksichtigt werden, dass entweder mehr Äquivalente an Reagenz genutzt werden müssen, oder dass das *tert*-Butyl-Kation auf eine andere Art abzusättigen ist.

Sowohl unter sauren Bedingungen als auch unter basischen Bedingungen konnten jeweils die gewünschten Produkte beobachtet werden. Für die Bromierung führten saure Konditionen zu einer höheren Ausbeute. Analoges konnte für die Alkinylierung beobachtet werden. Für die Allylierung wurde sowohl unter basischen als auch unter sauren Reaktionsbedingungen selektiv das diallylierte Produkt erhalten.

Eine Optimierung der Reaktionsbedingungen, ebenso wie isolierte Ausbeuten der Produkte konnten im Rahmen dieser Arbeit noch nicht erfasst werden.

3.2 Strategie für die direkte Synthese von Cinnolin-Derivaten durch Rh^{III}-katalysierte C–H-Bindungsaktivierung

Die Darstellung von Cinnolin-Derivaten durch C–H-Bindungsaktivierung stellte sich bisher in der Literatur als schwierig heraus, da keine geeignete dirigierende Gruppe für eine direkte Synthese dieser Substratklasse vorhanden war. Jedoch sind zwei Beispiele aus der Literatur bekannt, bei denen die C–H-Bindungsaktivierung den Schlüsselschritt für die Darstellung von Cinnolinium-Salzen darstellt.[48,49] Bei diesen Reaktionsprotokollen wurden jeweils die korrespondierenden Cinnolinium-Salze erhalten, da die Alkylreste und auch die Arylreste nicht als Abgangsgruppe fungierten. Somit folgte die Synthesestrategie, dass ausgehend von den Diazen-Carboxylaten (I) als dirigierende Gruppe nur die Boc-Schutzgruppe das Molekül als Abgangsgruppe verlassen kann. Es resultiert die Diazonium-Verbindung (III), welche mit einer Carbonylverbindung cyclisieren kann. Schließlich kann das gewünschte neutrale Cinnolin-Derivat (IV) erhalten werden (Abbildung 5).

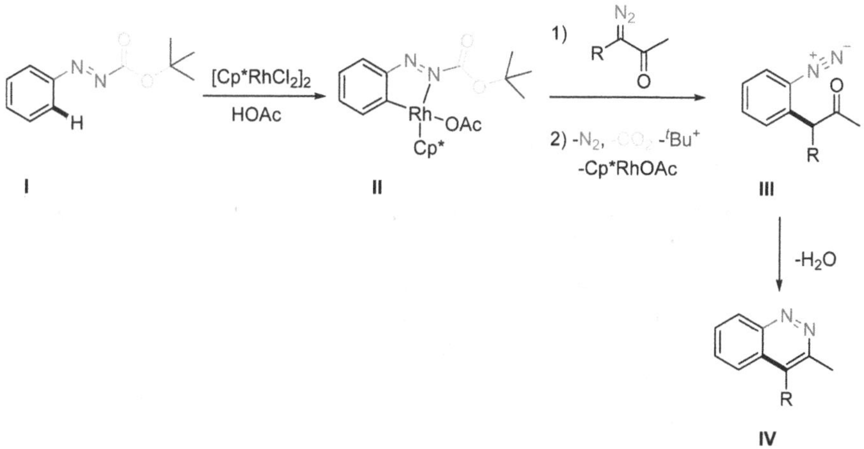

Abbildung 5: Strategie für die Nutzung von Diazen-Carboxylaten für die Synthese von Cinnolin-Derivaten.

Bekräftigt wird die Strategie durch literaturbekannte klassische Syntheserouten für die Darstellung von Cinnolinen. Das Intermediat (III) entspricht einem analogen Derivat für die klassische Syntheseroute nach RICHTER (Abbildung 6).[81]

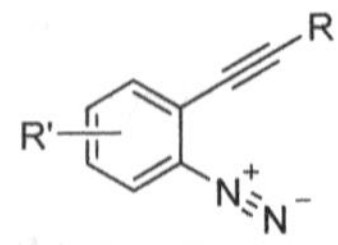

Abbildung 6: Ausgangsderivat für die klassische Synthese von neutralen Cinnolin-Derivaten nach RICHTER.[81]

Aus diesem Grund besteht eine hohe Wahrscheinlichkeit, das gewünschte neutrale Cinnolin-Darivat durch diese Strategie zu erhalten. Ausgehend von dieser Idee wurden einige Reaktionsprotokolle getestet.

Zunächst wurde als erstes ein Diazo-Carbonylester als formaler Carbenvorläufer zusammen mit dem Diazen-Carboxylat getestet. Analog zu Kapitel 3.1.2 wurden ebenfalls sowohl das [Cp*CoI$_2$]$_2$-Katalysatorsystem als auch das [Cp*RhCl$_2$]$_2$-Katalysatorsystem angewandt. Hierbei wurde jedoch nur ein basisches Reaktionsprotokoll, mit jeweils zwei unterschiedlichen Temperaturverhältnissen (RT und 50 °C) getestet, da mit Diazoverbindungen eine Vielzahl an basischen Reaktionsprotokollen beschrieben sind.[43] Diese Reaktionen dienten als Test für die Stabilität des Diazen-Carboxylats, da in diesem Fall nicht die komplette dirigierende Gruppe zersetzt werden sollte (Schema 43).

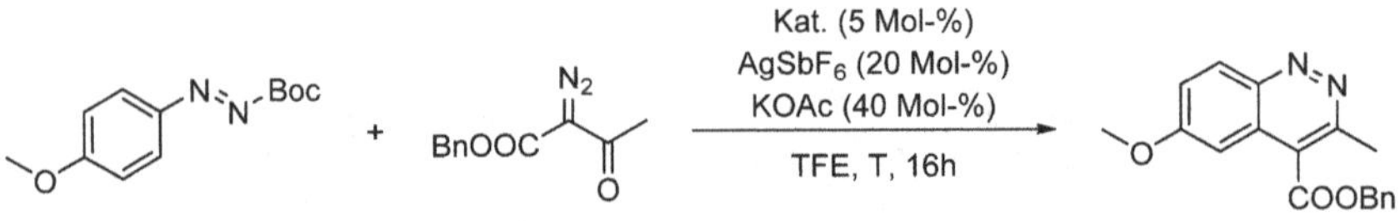

Kat. = [Cp*RhCl$_2$]$_2$ oder [Cp*CoI$_2$]$_2$; T = RT oder 50 °C

Schema 43: Darstellung von Cinnolin-Derivaten mit dem [Cp*CoI$_2$]$_2$-Katalysatorsystem und dem [Cp*RhCl$_2$]$_2$-Katalysatorsystem.

Das [Cp*CoI$_2$]$_2$-Katalysatorsystem führte unabhängig von den Temperaturverhältnissen zu keinem gewünschten Produkt. In diesen Fällen wurde das Diazen-Carboxylat vollständig zersetzt, wohingegen die Diazo-Verbindung unter diesen Reaktionsbedingungen nahezu unverändert blieb (DC-Analyse). Mit dem [Cp*RhCl$_2$]$_2$-Katalysatorsystem konnte sowohl bei Raumtemperatur, als auch bei 50 °C das erwünschte Produkt beobachtet werden (DC-, GC-MS- und ESI-MS-Analyse). Bei Raumtemperatur wurde jedoch deutlich weniger Umsatz beobachtet als bei erhöhter Temperatur. Aus der Reaktion mit [Cp*RhCl$_2$]$_2$-Katalysator bei 50 °C konnte eine isolierte Ausbeute von 32% (0.1 mmol Maßstab) ermittelt werden. Ausgehend von diesen Ergebnissen wurde die Reaktion optimiert.

3.2.1 Optimierung der Reaktionsbedingungen für die direkte Darstellung von Cinnolin-Derivaten

In einem ersten Reaktionstest wurden zunächst verschiedene Basen und Säuren als Additive analysiert (Tabelle 1).

Tabelle 1: Optimierung der Reaktion für Cinnolin-Derivate durch Variation der Basen/Säuren.

$[Cp*RhCl_2]_2$ (5 Mol-%)
$AgSbF_6$ (20 Mol-%)
Base (40 Mol-%)
TFE, 50 °C, 16h

1.00 Äq.   1.10 Äq.

Eintrag	Lösungsmittel	Base
1	TFE	KOAc
2	TFE	NaOAc
3 [a]	TFE	CsOAc
4	TFE	KOAc [b]
5	TFE	HOPiv
6	TFE	HOAc
7	DCE	KOAc
8	HFIP	KOAc
9	TFE	AgOAc

[a] Reaktion mit dem besten Resultat (GC-FID); [b] Reaktion ohne Rh-Quelle durchgeführt.

Es ist zu beachten, dass keine GC-Ausbeuten in der Tabelle angegeben werden, da sich im Laufe der Optimierung herausstellte, dass die Cinnolin-Derivate nicht quantitativ durch die GC erfasst werden können. Dies war zu Beginn nicht bekannt, weshalb an Hand der besten Ausbeuten weitere Optimierungsuntersuchungen unternommen wurden. Da die GC-Ausbeuten nicht zuverlässig beurteilt werden können, werden diese in dieser Arbeit nicht angegeben, sondern nur die Tendenzen der besten Ergebnisse betont. Bei den angegebenen Ausbeuten handelt es sich nur um isolierte Ausbeuten.

Cäsiumacetat als Base stellte sich bei den ersten Testreaktionen als bestes Additiv heraus, sodass diese Base fortan als Additiv verwendet wurde (Eintrag 3, Tabelle 1). Durch die Zugabe von anderen Basen oder Säuren als Additiv, sowie durch die Änderung des Lösungsmittels konnten keine besseren Ausbeuten erreicht werden. Es konnte jedoch in jeder Reaktion das gewünschte Produkt beobachtet werden. Die Gesamtausbeute aller vereinten Ergebnisse lag bei 46%. Die Kontrollreaktion ohne

Rhodium-Katalysatorsystem (Eintrag 4, Tabelle 1) führte zu keiner Reaktion (GC-MS-, ESI-MS- und DC-Analyse).

In einem nächsten Reaktionstest wurden folgend verschiedene Lösungsmittel mit Cäsiumacetat als Base (40 Mol-%) und Variationen an Basenäquivalenten analysiert (Tabelle 2).

Die Variation der Lösungsmittel führte zu keiner Verbesserung des Reaktionsergebnisses (Eintrag 1-6, Tabelle 2). Durch Reduzierung des Anteils an Cäsiumacetat auf 20 Mol-% wurde das beste Ergebnis aus diesem Reaktionsscreen erhalten (Eintrag 7, Tabelle 2). Zur Reaktionskontrolle wurde die isolierte Ausbeute des Produkts aus Eintrag 1 bestimmt (66%, 0.1 mmol Maßstab, Tabelle 2).

Tabelle 2: Variation an Lösungsmittel und Basenäquivalenten für die Darstellung der Cinnolin-Derivate.

Eintrag	Lösungsmittel	Menge an Base
1	TFE	40 Mol-%
2	DCE	40 Mol-%
3	MeOH	40 Mol-%
4	Dioxan	40 Mol-%
5	Toluol	40 Mol-%
6	MeCN	40 Mol-%
7 [a]	**DCE**	**20 Mol-%**
8	DCE	50 Mol-%
9	DCE	1.00 Äq.
10	DCE	1.00 Äq.
11	DCE	---

[a] Reaktion mit dem besten Resultat (GC-FID).

Bis zu diesem Zeitpunkt wurde immer das *para*-OMe-Diazen-Carboxylat in den jeweiligen Reaktionsuntersuchungen verwendet, da bei einem vollständigem Abbau der dirigierenden Gruppe das entstehende Anisol per Gaschromatographie quantifizierbar war. Somit konnte festgestellt werden, wie viel Startmaterial während der Reaktion nicht umgesetzt, sondern zersetzt wurde. Da dieses Substrat für die weitere Optimierung jedoch aufgrund des elektronenschiebenden Substituenten nicht geeignet war, wurde in folgenden Reaktionen das unsubstituierte Phenyldiazen-Carboxylat verwendet.

Mit dem Phenyldiazen-Carboxylat wurde zunächst nochmals ein Test, bestehend aus Variationen der besten Ergebnisse, gemacht, sodass die Übertragbarkeit der Reaktion gewährleistet werden konnte (Tabelle 3).

Tabelle 3: Übertragung der Ergebnisse auf Phenyldiazen-Carboxylat und Überprüfung der besten Resultate.

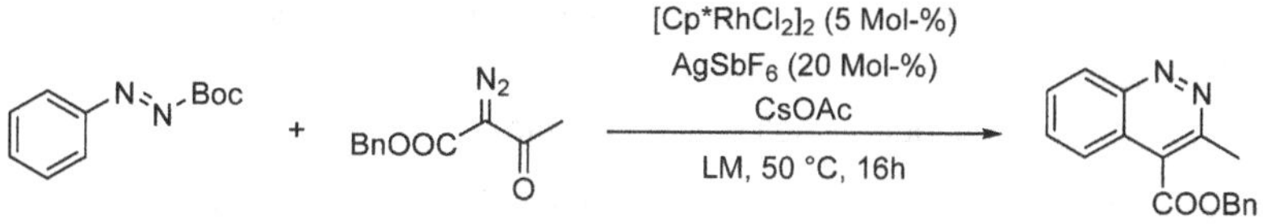

Eintrag	Lösungsmittel	Base	Menge an Base
1	TFE	CsOAc	40 Mol-%
2	DCE	CsOAc	40 Mol-%
3	TFE	CsOAc	20 Mol-%
4	DCE	CsOAc	20 Mol-%
5	TFE	CsOAc	10 Mol-%
6 [a]	**DCE**	**CsOAc**	**10 Mol-%**

[a] Reaktion mit dem besten Resultat (GC-FID).

10 Mol-% an Cäsiumacetat führten mit Phenyldiazen-Carboxylat zu dem besten Resultat (Eintrag 6, Tabelle 3). Um eine definierte Ausbeute des Produkts unter diesen optimierten Reaktionsbedingungen bestimmen zu können, wurde die Reaktion in einem 0.4 mmol Maßstab durchgeführt (Schema 44).

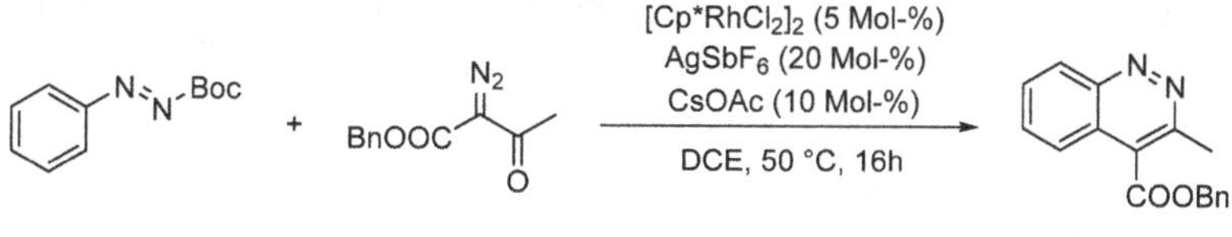

Schema 44: Anwendung der optimierten Reaktionsbedingungen auf das Phenyldiazen-Carboxylat als Substrat.

Unter den optimierten Reaktionsbedingungen konnte das Produkt in einer Ausbeute von 38% isoliert werden (Schema 44). Da sich die Ausbeute durch die Änderung des Substrats deutlich verschlechterte, wurde ebenfalls eine andere Diazo-Verbindung, substituiert mit dem Methylester, getestet. Die isolierte Ausbeute des korrespondierenden Produkts betrug 33% (0.4 mmol Maßstab, Schema 45).

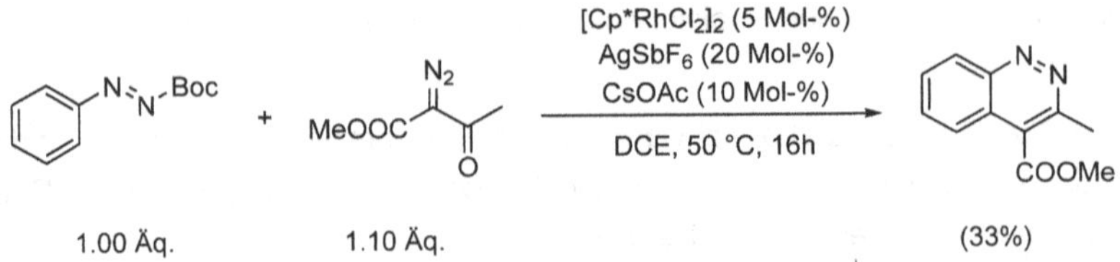

1.00 Äq.   1.10 Äq.   (33%)

Schema 45: Anwendung der optimierten Reaktionsbedingungen auf das Phenyldiazen-Carboxylat als Substrat unter Variation der Diazo-Verbindung.

Für die weitere Optimierung wurde aus diesem Grund ausschließlich nur noch Benzyl-2-diazo-3-oxobutanoat als Reagenz verwendet, da mit dieser Diazoverbindung eine bessere Ausbeute erzielt werden konnte.

Da unter allen getesteten Reaktionsbedingungen das Phenyldiazen-Carboxylat vollständig verbraucht oder zersetzt wurde, musste zunächst die Stabilität des Phenyldiazen-Carboxylats unter den gegebenen Reaktionsbedingungen untersucht werden. Deshalb wurden verschiedene Zusammensetzungen an Reaktanden auf die optimierten Reaktionsbedingungen angewandt, um dadurch Rückschlüsse auf die Stabilität der dirigierenden Gruppe herleiten zu können (Tabelle 4).

Tabelle 4: Stabilitätstest von Phenyldiazen-Carboxylat unter verschiedenen Reaktionsbedingungen.

1.00 Äq.   1.10 Äq.

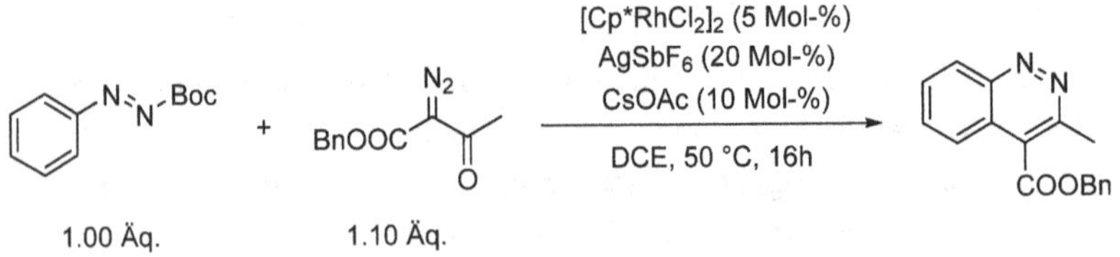

Eintrag	Diazen	Diazo	[Cp*RhCl$_2$]$_2$/AgSbF$_6$	Base	SM [a]
1	✓	---	---	---	✓
2	✓	---	---	✓	✓
3	✓	---	✓	---	---
4	✓	✓	---	---	✓

[a] Analyse über DC.

Aus dem Stabilitätstest unter verschiedenen Zusammensetzungen an Reaktionskomponenten ging hervor, dass das Phenyldiazen-Carboxylat ohne jegliche Zusätze in Dichlorethan erhalten blieb (Eintrag 1, Tabelle 4). Für die Kombination zwischen Diazen-Carboxylat und Diazo-Verbindung, sowie für die Kombination zwischen Diazen-Carboxylat und Base konnte ebenfalls der Verbleib des Startmaterials beobachtet werden (Eintrag 2/4, Tabelle 4). Nur unter Zugabe des Katalysatorsystems (Rh-Kat. und Ag-Salz) wurde das Diazen-Carboxylat vollständig zersetzt (Eintrag 3,

Tabelle 4). Diese Reaktionsergebnisse wurden durch zwei Kontrollreaktionen über-prüft. In der ersten Kontrollreaktion wurden alle Startmaterialien von Beginn an zu-sammen in dem Reaktionsgefäß vorgelegt. In der zweiten Kontrollreaktion wurde die Diazo-Verbindung 15 Minuten später zu der Reaktionslösung mit den restlichen Komponenten gegeben. Die Ausbeute bei der ersten Kontrollreaktion betrug 51% (0.1 mmol Maßstab). Bei der zweiten Kontrollreaktion konnte eine Ausbeute von 30% isoliert werden (0.1 mmol Maßstab). Die beiden Kontrollexperimente bestätigten, dass das Diazen-Carboxylat während der Reaktion durch das Katalysatorsystem zersetzt wurde. In beiden Reaktionen konnte jedoch stets die verbleibende Dia-zoverbindung beobachtet werden.

Da das Startmaterial unter den bisherigen Reaktionsbedingungen zersetzt wurde, wurde die Reaktion in zwei Richtungen weiter optimiert. Zum einen sollte ein Kataly-satorsystem gefunden werden, welches die Zersetzung verlangsamt oder sogar komplett inhibiert; zum anderen sollte die Reaktion beschleunigt werden.

Tabelle 5: Optimierungstest durch Variation verschiedener Parameter für die Darstellung von Cinnolin.

Eintrag	Temperatur	Ag-Salz	Katalysator	SM [a]	Ausbeute
1	RT	AgSbF$_6$	[Cp*RhCl$_2$]$_2$	✓	26% [b]
2	80 °C	AgSbF$_6$	[Cp*RhCl$_2$]$_2$	---	n.b. [c]
3	50 °C	AgOAc	[Cp*RhCl$_2$]$_2$	✓	n.b. [c]
4	50 °C	---	Cp*Rh(MeCN)$_3$(SbF$_6$)$_2$	---	n.b. [c]

[a] Analyse über DC; [b] Isolierte Ausbeute; [c] Nicht isoliert, da zu wenig Produkt beobachtet auf DC (n.b. = nicht bestimmt).

Da bei Raumtemperatur keine vollständige Zersetzung des Startmaterials beobachtet wurde und ebenso der Produktpunkt auf der DC sichtbar war, wurde das Produkt in einer Ausbeute von 26% isoliert (0.1 mmol Maßstab, Eintrag 1, Tabelle 5). Aufgrund der geringen experimentell ermittelten Ausbeute, wurden schließlich nur noch Pro-dukte isoliert, bei denen der vollständige Verbrauch an Startmaterial beobachtet wer-den konnte (DC-Analyse). Bei 80 °C wurde kaum Produkt, sondern lediglich die Zer-setzung des Startmaterials beobachtet (Eintrag 2, Tabelle 5). Ein analoges Ergebnis wurde unter Verwendung des kationischen Katalysators erhalten (Eintrag 4, Tabelle 5). Unter Verwendung von AgOAc an Stelle von AgSbF$_6$ konnten Spuren an Produkt, sowie unverbrauchtes Startmaterials beobachtet werden (Eintrag 3, Tabelle 5).

Da der Erhalt des Startmaterials zunächst von großem Interesse war, wurden mit AgOAc als Silberquelle einige Optimierungsversuche durchgeführt (Tabelle 6).

Tabelle 6: Variation an Reaktionsvariablen für die Darstellung von Cinnolin.

1.00 Äq.   1.10 Äq.

Eintrag	Temperatur	Lösungsmittel	SM [a)]	Ausbeute [b)]
1	50 °C	DCE/HOAc (3:1)	---	47%
2	RT	DCE/HOAc (3:1)	✓	30%
3	80 °C	DCE/HOAc (3:1)	---	30%
4	50 °C	DCE	✓	12%

[a)] Analyse über DC; [b)] Isolierte Ausbeute (0.1 mmol Maßstab).

Unter den gewählten Reaktionsbedingungen dieser Reaktionsuntersuchung wurde kein CsOAc als Base verwendet, da mit AgOAc als Silberquelle sowohl die Aktivierung des Katalysators, als auch die freien Acetat-Ionen für die Unterstützung des CMD-Mechanismus gegeben waren (Kapitel 1.1.2, Tabelle 6). Zusätzlich wurde ein Lösungsmittelgemisch aus DCE/HOAc (3:1) verwendet, um den CMD-Mechanismus noch mehr unterstützen zu können. Eine isolierte Ausbeute von 47% konnte zunächst unter Verwendung des Lösungsmittelgemischs (DCE/HOAc 3:1) bei 50 °C erreicht werden (Eintrag 1, Tabelle 6). Da keine Verbesserung der isolierten Ausbeute bei anderen Temperaturen erzielt werden konnte, wurden 50 °C als Reaktionstemperatur festgelegt. Der direkte Vergleich zwischen dem Lösungsmittelgemisch (DCE/HOAc 3:1, Eintrag 1, Tabelle 6) und reinem DCE (Eintrag 4, Tabelle 6) zeigte, dass mehr freie Acetat-Ionen zu einer Verbesserung der Ausbeute führten, weshalb in weiteren Experimenten nur noch Lösungsmittelgemische verwendet wurden.

In folgenden Reaktionen wurden das Lösungsmittelgemisch, die Silberquelle, die Katalysatorladung und die Äquivalente an Startmaterial variiert (Tabelle 7).

Tabelle 7: Ergebnisse der Variation an Reaktionsparametern für die Darstellung von Cinnolin.

Eintrag	Äq. A	Äq. B	Ag-Salz	LM	Base	Ausbeute [a]
1	1.50	1.00	AgSbF$_6$	DCE/HOAc	---	51%
2	1.50	1.00	AgOAc	DCE/HOAc	---	41%
3	1.00	1.10	AgSbF$_6$ [b]	DCE/HOAc	---	51%
4	1.50	1.00	AgSbF$_6$	DCE/HOAc	CsOAc [c]	72%
5	1.00	1.10	AgSbF$_6$	DCE/HOPiv	---	48%

[a] isolierte Ausbeute (0.1 mmol Maßstab); [b] 2.5 Mol-% an Katalysator und 10 Mol-% AgSbF$_6$; [c] 10 Mol-% CsOAc.

Aus dem besten Ergebnis aus Tabelle 6 (Eintrag 1, 47%-Ausbeute) ging hervor, dass moderate Ausbeuten unter den gewählten Reaktionsbedingungen erhalten werden konnten. Unter diesen Bedingungen wurde jeweils kein Startmaterial mehr beobachtet. Um eine mögliche Steigerung der Ausbeute erreichen zu können, wurden somit die Äquivalente der Startmaterialien variiert. Durch Erhöhung der Menge an Diazen-Carboxylat konnte die isolierte Ausbeute auf 51% gesteigert werden (Eintrag 1, Tabelle 7). Der direkte Vergleich zwischen den Silbersalzen (AgSbF$_6$, Eintrag 1; AgOAc, Eintrag 2, Tabelle 7) zeigte, dass durch Zugabe von AgSbF$_6$ ein reaktiveres Reaktionssystem geschaffen wurde. Aus diesem Grund wurde in den folgenden Reaktionsoptimierungen ausschließlich AgSbF$_6$ als Silberquelle genutzt. Ein gutes Ergebnis lieferte ebenfalls die Reduzierung der Katalysatorladung (51%, Eintrag 3, Tabelle 7). Unter Verwendung einer geringeren Katalysatorladung, sowie einer geringeren Menge an Startmaterialäquivalenten konnte die gleiche Ausbeute zu Eintrag 1 (Tabelle 7) erhalten werden. Aus diesem Grund wurde für die folgenden Reaktionsoptimierungen ebenfalls weniger Katalysatormenge (2.5 Mol-%) eingesetzt. Durch Zugabe von CsOAc (10 Mol-%) als Base konnte die bis dahin beste isolierte Ausbeute der Reaktion erhalten werden (72%, Eintrag 4, Tabelle 7).

Da Eintrag 1/4/5 aus Tabelle 7 gute Ergebnisse lieferten, jedoch mit einer Katalysatorladung von 5 Mol-% durchgeführt wurden, sind diese Ergebnisse jeweils mit 2.5 Mol-% an Katalysator wiederholt worden (Tabelle 8).

Tabelle 8: Ergebnisse der Reaktionsoptimierung nach Reduzierung der Katalysatorladung.

1.50 Äq.			1.00 Äq.		

Eintrag	Lösungsmittel	Katalysator	Kat.-Ladung	Ausbeute [a]
1	DCE/HOAc	[Cp*RhCl$_2$]$_2$	2.5 Mol-%	58%
2	DCE/HOPiv	[Cp*RhCl$_2$]$_2$	2.5 Mol-%	45%
3	DCE/HOAc	Cp*Rh(MeCN)$_3$(SbF$_6$)$_2$ [b]	5.0 Mol-%	59%
4	DCE/HOAc	[Cp*RhCl$_2$]$_2$	2.5 Mol-%	54%

[a] Isolierte Ausbeute (0.1 mmol Maßstab); [b] Ohne Zusatz von AgSbF$_6$.

Durch Senkung der Katalysatormenge und Zugabe an Cäsiumacetat konnten ähnliche isolierte Ausbeuten erhalten werden, wie bei höherer Katalysatorladung ohne Zugabe von Cäsiumacetat (vgl. Eintrag 1-3/5, Tabelle 7 und Eintrag 1-4 Tabelle 8). Da die Reaktion mit DCE/HOPiv als Lösungsmittel eine reine Reaktion lieferte, wurden mit diesem Lösungsmittelgemisch weitere Optimierungsversuche durchgeführt. Außerdem wurde im Folgenden der kationische Rh^{III}-Katalysator in der Optimierung verwendet, da mit diesem vergleichbare Ergebnisse wie mit dem in der Glovebox eingewogenen [Cp*RhCl$_2$]$_2$-Katalysator erzielt werden konnten (Eintrag 3, Tabelle 8).

Zunächst wurden für diese neuen Reaktionsbedingungen wieder verschiedene Basen als Additive getestet (Tabelle 9).

Tabelle 9: Variation an Basen für die Darstellung von neutralem Cinnolin.

1.50 Äq.			1.00 Äq.		

Eintrag	Base	SM [a]	Ausbeute [b]
1	CsOAc	---	22%
2	KOAc	✓	n.b. [c]
3	**NaOAc**	---	**74%**
4	CsOPiv	✓	n.b. [c]
5	NaOTFA	---	59%
6	Cs$_2$CO$_3$	✓	n.b. [c]
7	NaOBz	---	63%

[a] DC-Analyse; [b] Isolierte Ausbeute (0.1 mmol Maßstab); [c] n.b. (nicht bestimmt).

Mit NaOAc als Base konnte die beste Ausbeute von 74% isoliert werden (Eintrag 3, Tabelle 9).

Eine weitere Optimierung dieser Reaktion war im Rahmen dieser Arbeit nicht mehr möglich. Aus diesem Grund wird das Ergebnis aus Eintrag 3 (74%, Tabelle 9) als vorläufig bestes Resultat der Optimierung betrachtet.

3.3 Direkte SO$_2$-Insertion durch Rh^{III}-katalysierte C–H-Bindungsaktivierung mit DABSO als SO$_2$-Surrogat

3.3.1 Substratsynthese

Die Synthese des Substrats erfolgte nach einer literaturbekannten Synthesemethode. Dabei wurde DABCO mit dem Karl-Fischer-Reagenz A (SO$_2$-haltige Pyridin-Lösung) umgesetzt (Schema 46).[82]

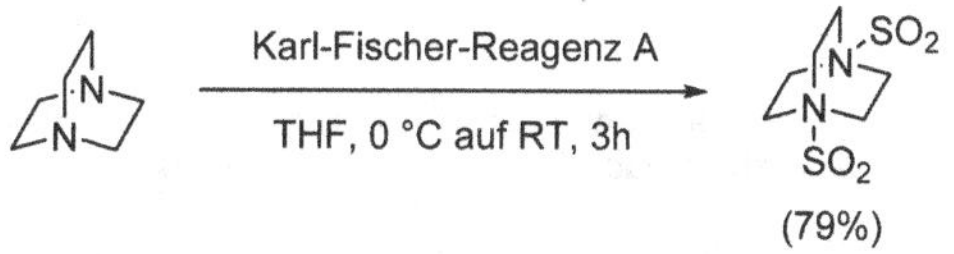

Schema 46: Darstellung von DABSO.

Das Produkt konnte ohne weitere Aufreinigungsschritte als weißer Feststoff erhalten und als SO$_2$-Surrogat in der Rh^{III}-katalysierten C–H-Bindungsaktivierung eingesetzt werden. Aufgrund von Stabilitätsgründen von DABSO wurden die Reaktionen bei maximal 80 °C oder niedriger durchgeführt. Dies ist zurückzuführen auf die Reaktionsprotokolle von WILLIS et al..[51-53]

3.3.2 Anwendung von DABSO in der Rh^{III}-katalysierten C–H-Bindungsaktivierung

Da das Reagenz in der C–H-Bindungsaktivierung bisher noch nicht eingesetzt wurde, wurden zunächst verschiedene literaturbekannte Reaktionsprotokolle, mit verschiedenen dirigierenden Gruppen getestet. Dabei wurden Cyclisierungsprotokolle und auch Funktionalisierungsprotokolle, welche sowohl unter sauren als auch basischen Bedingungen erfolgen, angewandt (Schema 47/48).

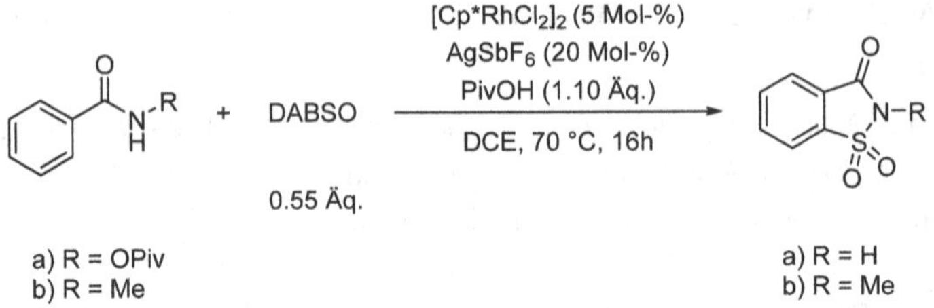

Schema 47: Cyclisierungsexperiment zur Rh^{III}-katalysierten C–H-Bindungsaktivierung mit DABSO. Vorschrift nach GLORIUS et al. (sauer).[67]

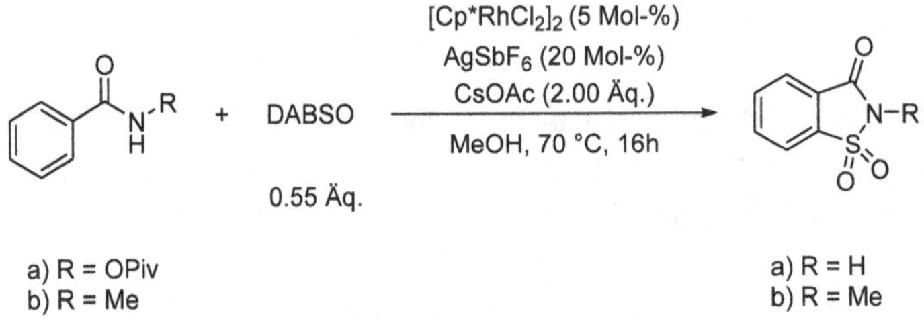

Schema 48: Cyclisierungsxperiment zur Rh^{III}-katalysierten C–H-Bindungsaktivierung mit DABSO. Vorschrift nach FAGNOU et al. (basisch).[83]

Unter den jeweils sauren (Schema 47) und basischen (Schema 48) Bedingungen konnte für die dirigierende Gruppe mit internem Oxidationsmittel (a) im ESI-MS Spuren an cyclisiertem Produkt beobachtet werden. Für das alkylierte sekundäre Amid (b) als dirigierende Gruppe konnte kein gewünschtes Produkt beobachtet werden.

Ebenfalls wurden Funktionalisierungsprotokolle angewandt, die nach der gewünschten SO$_2$-Insertion das Molekül weiter modifizieren sollten. Auch hierfür wurden verschiedene Reaktionsprotokolle mit verschiedenen dirigierenden Gruppen und verschiedenen Funktionalisierungsreagenzien getestet (Schema 49-54).

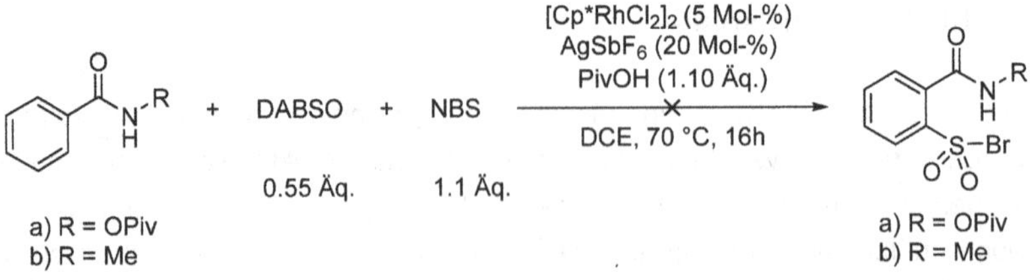

Schema 49: Funktionalisierungsexperiment zur Rh^{III}-katalysierten C–H-Bindungsaktivierung mit DABSO nach einer Vorschrift von GLORIUS et al..[67]

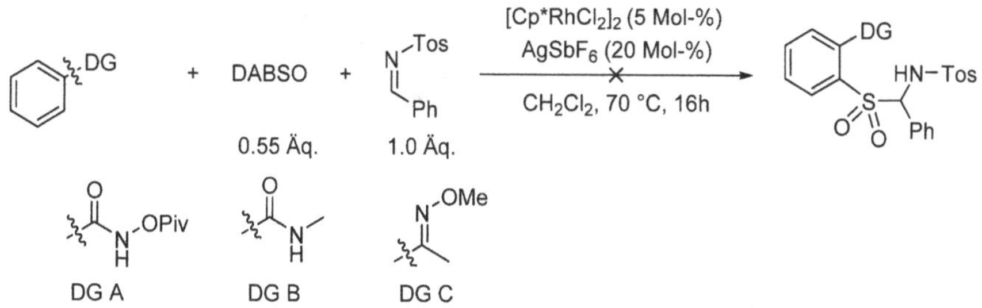

Schema 50: Funktionalisierungsexperiment zur Rh[III]-katalysierten C–H-Bindungsaktivierung mit DABSO nach einer Vorschrift von ELLMAN et al..[84]

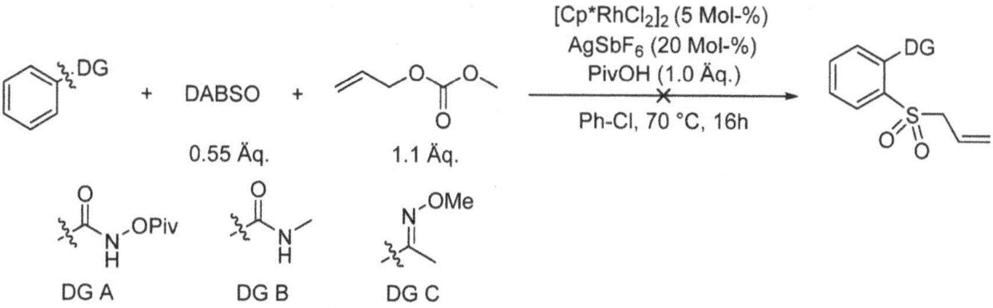

Schema 51: Funktionalisierungsexperiment zur Rh[III]-katalysierten C–H-Bindungsaktivierung mit DABSO nach einer Vorschrift GLORIUS et al..[85]

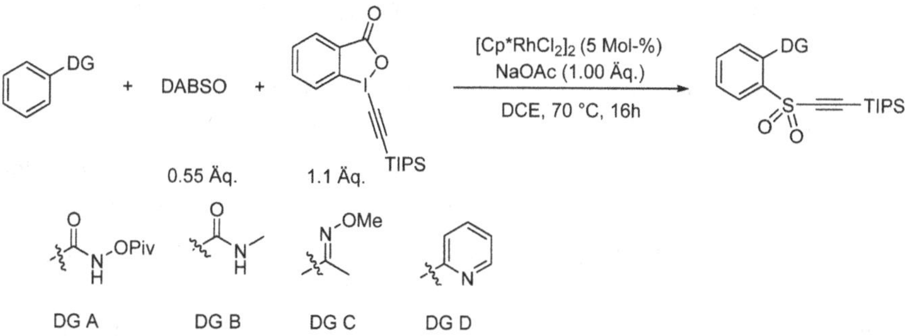

Schema 52: Funktionalisierungsexperiment zur Rh[III]-katalysierten C–H-Bindungsaktivierung mit DABSO nach einer Vorschrift von LOH et al..[86]

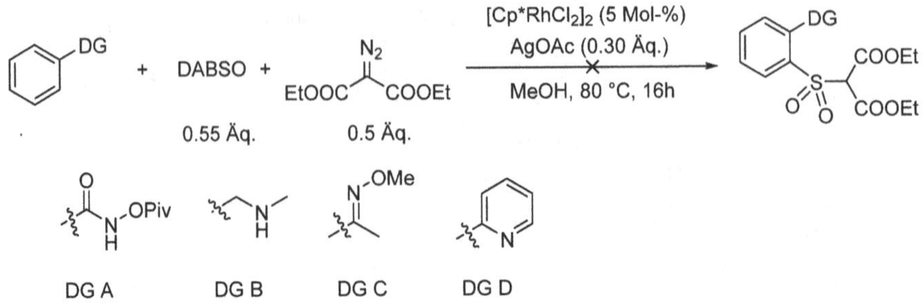

Schema 53: Funktionalisierungsexperiment zur Rh[III]-katalysierten C–H-Bindungs-aktivierung mit DABSO nach einer Vorschrift von Yu et al..[87]

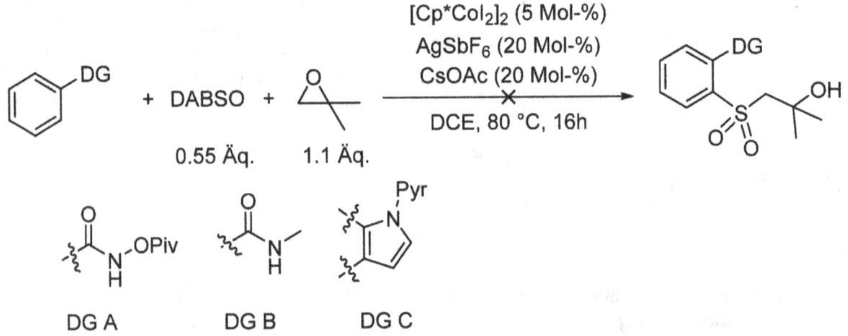

Schema 54: Funktionalisierungsexperiment zur Co[III]-katalysierten C–H-Bindungs-aktivierung mit DABSO nach einer Vorschrift von GLORIUS et al..[80]

In den jeweiligen gewählten Reaktionsprotokollen konnte kein SO_2-Insertionsprodukt beobachtet werden (Schema 49-54).

Da nur bei der dirigierenden Gruppe mit internen Oxidants eine SO_2-Insertion beobachtet wurde (Schema 48, DG a), wurde diese Reaktion im Folgenden optimiert.

Als problematisch für die Analytik erwies sich die thermische Zersetzung des Saccharins, weshalb eine praktische Analyse durch GC-MS ausgeschlossen wurde. Dementsprechend wurden zunächst einige Funktionalisierungsprotokolle von Saccharin mit Methyliodid optimiert, um das gaschromatographisch analysierbare methylierte Saccharin zu erhalten. Nach einigen Optimierungsversuchen für die quantitative Methylierung von Saccharin wurden folgende Reaktionsbedingungen als optimale Bedingungen festgelegt (Schema 55).

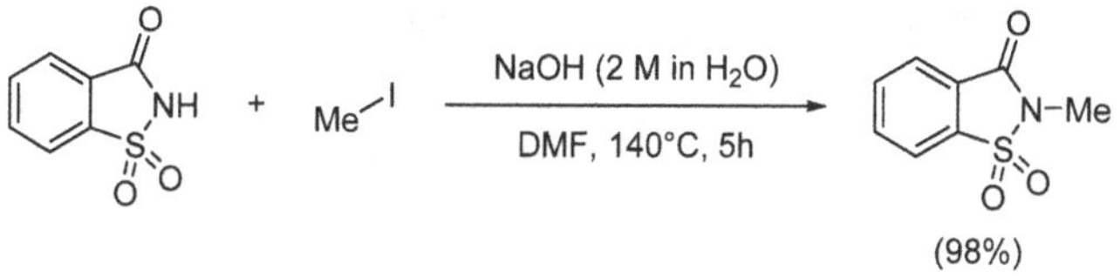

(98%)

Schema 55: Reaktionsbedingungen für die quantitative Methylierung von Saccharin.

Da unter den aus Schema 48 gewählten Reaktionsbedingungen am meisten Produkt beobachtet werden konnte (<5%), wurde an Hand dieser Bedingungen die Optimierung durchgeführt. Zunächst wurden dabei alle Bedingungen, bei denen Spuren an Produkt beobachtet werden konnten, zusammengefasst und getestet (Tabelle 10).

Tabelle 10: Optimierungsversuche für die Darstellung von methyliertem Saccharin.

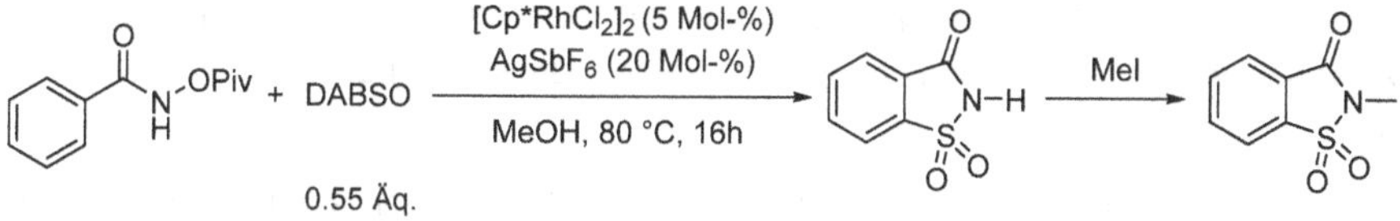

Eintrag	Base/Säure	Ausbeute [a]
1	---	8%
2	AgOAc (30 Mol-%) [b]	12%
3	CsOAc (20 Mol-%)	10%
4	CsOAc (20 Mol-%) [b]	3%
5	AgOAc (30 Mol-%), CsOAc (20 Mol-%) [b]	5%
6	PivOH (1.10 Äq.)	SM-Resetzung

[a] Ausbeuten durch GC-MS bestimmt, SM = Startmaterial; [b] Keine Verwendung von AgSbF6.

Unter allen basischen gewählten Reaktionsbedingungen konnte zunächst das gewünschte methylierte Produkt beobachtet werden (Eintrag 1-5, Tabelle 10). Unter den sauren Bedingungen (Eintrag 6, Tabelle 10) konnte nur die Zersetzung des Startmaterials beobachtet werden.

Da jedoch in keiner der gewählten basischen Reaktionsbedingungen eine höhere Ausbeute als 12% erhalten werden konnte, wurden schließlich verschiedene Lösungsmittel getestet (Tabelle 11).

Tabelle 11: Lösungsmittelscreen für Darstellung von Saccharin.

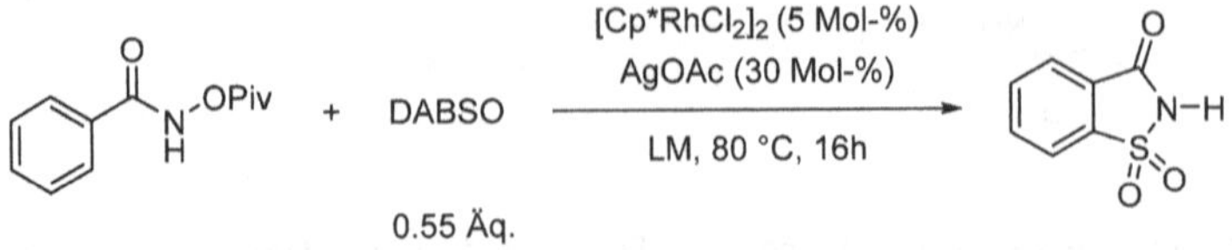

Eintrag	Lösungsmittel	Ausbeute [a]
1	TFE	0%
2	MeCN	0%
3	Toluol	0%
4	DMF	0%
5	Dioxan	0%

[a] DC-Analyse.

Keines der gewählten Lösungsmittel führte zur Umsetzung des Startmaterials (DC-Analyse). Aus diesem Grund wurde auch keine Methylierung der Reaktion durchgeführt.

Da die Cyclisierung zu Saccharin und somit die SO_2-Insertion ausgehend von dem *N*-OPiv-Benzamid nicht erfolgreich optimierbar war, wurden alle anderen in der Gruppe enthaltenen dirigierenden Gruppen mit internem Oxidants unter den folgenden Reaktionsbedingungen getestet (Schema 56).

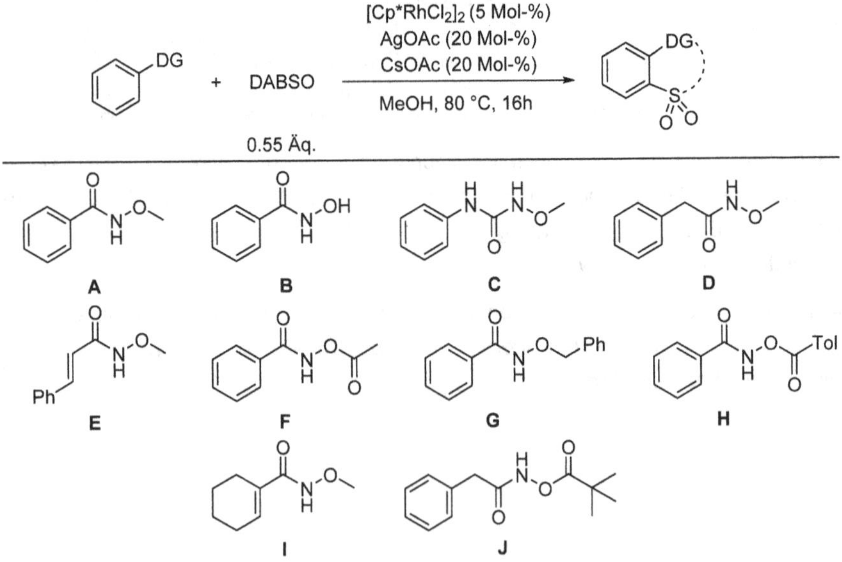

Schema 56: Untersuchung an dirigierenden Gruppen mit internem Oxidants.

Keine der dirigierenden Gruppen (Schema 56 A-J) führte zu einem SO_2-Insertionsprodukt und somit zu keiner gewünschten Umsetzung. Lediglich der Abbau der Startmaterialien konnte beobachtet werden.

Da die verschiedenen dirigierenden Gruppen alle keine Reaktion zeigten, wurden mit dem *N*-OPiv-Benzamid andere SO_2-Übertragungsreagenzien getestet. Unter Verwendung des Karl-Fischer Reagenzes A an Stelle von DABSO konnte keine Umsetzung beobachtet werden. In diesem Fall ist davon auszugehen, dass das im Reagenz enthaltene Pyridin vermutlich den Katalysator vergiftet. Ebenfalls konnte auch die Verwendung von Natriumdisulfit zusammen mit einem Oxidationsmittel nicht zu einem SO_2-Insertionsprodukt führen.

Außerdem führte die direkte Zugabe von Methyliodid zu der Reaktionslösung nicht zu dem gewünschten Reaktionsprodukt. Hierbei wurde lediglich *N*-Me-Benzamid beobachtet. Da die Ein-Topf Strategie der direkten Methylierung von dem entstehenden Saccharin, sowie die Zwei-Stufen Synthese zu dem *N*-methylierten Saccharin nicht möglich waren, wurden zuletzt andere mögliche Analysenmethoden zur Quantifizierung von Saccharin untersucht.

Zunächst wurde die Methode der HPLC-MS für eine quantitative Analyse genutzt. Auch durch diese Methode konnte unter den verschiedenen Reaktionsbedingungen nur Spuren an Produkt beobachtet werden. Als alternative Analysemethode wurde das ^{19}F-NMR gewählt. Dafür wurde das *para*-Fluor-*N*-OPiv-Benzamid verwendet. Obwohl die ^{19}F-NMR Analyse sehr sensitiv ist, wurden wiederum nur Spuren an Produkt ermittelt.

Da nach vielen Reaktionsansätzen keine Verbesserung der Ausbeute, ebenso wie keine erfolgreiche Ein-Topf- oder Zwei-Stufen-Modifizierung des Reaktionsprodukts möglich war, wurde dieses Projekt im Rahmen der Arbeit vorerst beendet. Ein möglicher Grund für das Problem der geringen Ausbeute kann die Freisetzung von DABCO in die Reaktionslösung sein. Das entstehende DABCO kann an den Katalysator binden und somit die Reaktion inhibieren. Im Rahmen dieser Arbeit konnte jedoch keine Möglichkeit gefunden werden, das Problem zu lösen und eine höhere Reaktivität zu erreichen.

3.4 Rh^{III}-katalysierte selektive *ortho*-Trifluoromethylthiolierung

3.4.1 Substratsynthese

Die Synthese für die SCF$_3$-Übertragungsreagenzien erfolgte nach einer Synthesemethode aus der RUEPING-Gruppe.[88] Dabei wurde zunächst Silberfluorid mit Schwefeldisulfid umgesetzt. Nach anschließender Zugabe von Kupfer(I)bromid konnte das erwünschte CuSCF$_3$-Reagenz erhalten werden (Schema 57).

$$\text{AgF} \;+\; \text{CS}_2 \;+\; \text{CuBr} \quad \xrightarrow[\text{MeCN, 80 °C, 16h}]{} \quad \text{CuSCF}_3$$

(100%)

Schema 57: Synthese von CuSCF$_3$ nach MCCLINTON et al..[89]

Im nachfolgenden Schritt wurde das jeweilige N-Chlorimid (NCS,NCP) mit dem frisch hergestellten CuSCF$_3$-Reagenz umgesetzt (Schema 58).

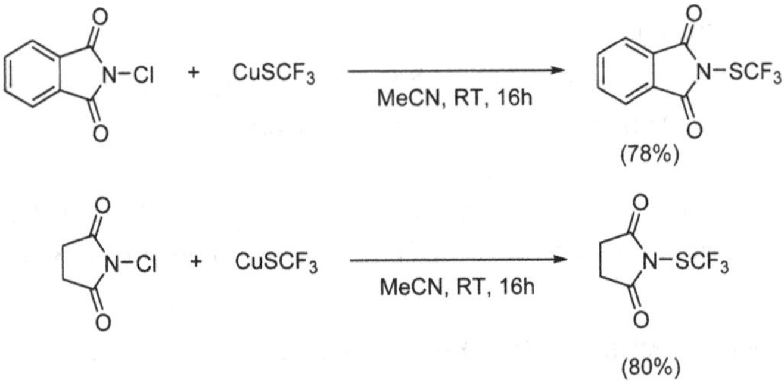

(78%)

(80%)

Schema 58: Synthese der SCF$_3$-Übertragungsreagenzien nach RUEPING et al..[88]

Das erhaltene *N*-SCF$_3$-Phthalimid sowie das *N*-SCF$_3$-Succinimid wurden schließlich in der Optimierung für die Übertragung der SCF$_3$-Gruppe in der Rh^{III}-katalysierten C–H-Bindungsaktivierung angewendet.

Da eine direkte Einführung der SCF$_3$-Gruppe durch Rh^{III}-Katalyse nicht literaturbekannt ist, wurden zunächst ähnliche Bedingungen zu der Arbeit von SHEN et al. getestet.[61] Als SCF$_3$-Übertragungsreagenz wurde das *N*-Trifluoromethylthiophthalimid verwendet, da das Phthalimid als besserer Überträger der SCF$_3$-Gruppe gilt.

Unter den folgenden Bedingungen wurden zunächst verschiedene Lösungsmittel getestet (Tabelle 12).

Nur unter Verwendung von reiner Essigsäure als Lösungsmittel konnten Spuren an Produkt beobachtet werden (Eintrag 3, Tabelle 12). Alle anderen Lösungsmittel führten zu keiner Umsetzung. Da reine Essigsäure als Lösungsmittel den potentiellen Substratanwendungsbereich deutlich verringert, wurden ebenfalls Lösungsmittelgemische im Verhältnis 1:1 getestet (Eintrag 8-13, Tabelle 12).

Tabelle 12: Lösungsmittelanalyse für die Darstellung von 2-(2-((Trifluoromethyl)thio)-phenyl)-pyridin.

1.00 Äq.   1.10 Äq.

Eintrag	Lösungsmittel	Ausbeute [a]
1	MeCN	SM
2	DCE	SM
3	AcOH	Spuren
4	Dioxan	SM
5	Toluol	SM
6	EtOH	SM-Zersetzung
7	^{t}Amyl-OH	SM
8	MeCN/AcOH (1:1)	Spuren & SM-Zersetzung
9	**DCE/AcOH (1:1)**	**8%**
10	Toluol/AcOH (1:1)	Spuren
11	Dioxan/AcOH (1:1)	Spuren
12	^{t}Amyl-OH/AcOH (1:1)	SM
13	DMF/AcOH (1:1)	SM-Zersetzung

[a] Ausbeuten durch GC-MS bestimmt, SM = Startmaterial.

Unter Verwendung von DCE/HOAc konnte die Ausbeute auf 8% gesteigert werden (Eintrag 9, Tabelle 12,). Die anderen Lösungsmittelgemische führten zu Spuren an Produkt, oder zu der Zersetzung der Startmaterialien (Eintrag 8/10-13, Tabelle 12). SHEN *et al.* beschreiben ähnliche Probleme für die Einführung der SCF$_3$-Gruppe durch *N*-Trifluoromethylthio-succinimid.[61] Da das verwendete *N*-Trifluoromethylthio-phthalimid sehr stabil ist, wird eine Broensted-Säure, oder sehr acide Bedingungen benötigt, die zur Aktivierung des Reagenzes führen. Zusätzlich fördert Essigsäure nicht nur die Aktivierung des Reagenzes, sondern auch den CMD-Mechanismus für die Aktivierung der C–H-Bindung.

Ausgehend von diesem Eintrag 9 (Tabelle 12) wurde die folgende Reaktion optimiert.

3.4.2 Optimierung der Reaktionsbedingungen

Da die gefundenen Reaktionsbedingungen des ersten Reaktionserfolgs (Eintrag 9, Tabelle 12) sehr harsch waren, wurden ebenfalls andere Säuren und Basen, welche den CMD-Mechanismus unterstützen, als Additive untersucht. Diese wurden jedoch in einem geringeren Verhältnis zum Lösungsmittel eingesetzt (Tabelle 13).

Tabelle 13: Analyse von CMD-Mechanismus unterstützenden Additiven.

1.00 Äq.   1.10 Äq.

Eintrag	CMD-Additiv	Äquivalente an Additiv	Ausbeute [a]
1	AcOH	3.00	0%
2	AcOH	1.00	0%
3	PivOH	1.00	0%
4	CsOPiv	1.00	0%
5	PivOH/CsOPiv	0.50/0.50	0%
6	TFA	1.00	0%

[a] Ausbeuten durch GC-MS bestimmt.

Alle Zusammensetzungen zwischen dem Lösungsmittel und dem jeweiligen CMD-Mechanismus unterstützendem Additiv, führten nicht zu dem Produkt (Eintrag 1-6, Tabelle 13). Aus diesen Ergebnissen war zu folgern, dass nicht die C–H-Bindungs-aktivierung, sondern die Aktivierung des Reagenzes oder die Reaktion zwischen Rhodacyclus und Reagenz der limitierende Faktor ist. Aus diesem Grund wurde in den folgenden Analysen die Aktivierung von *N*-Trifluoromethylthiophthalimid fokus-siert. Zusätzlich wurden die folgenden Reaktionen unter inerten Bedingungen durch-geführt. Dabei wurde das Katalysatorsystem geändert. Dieses setzte sich zusammen aus dem [Cp*RhCl$_2$]$_2$-Katalysator und dem für die Aktivierung notwendigem Silber-salz. Als Silbersalz wurde AgSbF$_6$ verwendet.

Es wurden folglich unter den inerten Bedingungen zunächst verschiedene acide und protische Lösungsmittel getestet (Eintrag 1/6-10, Tabelle 14). Ebenso wurden ver-schiedene Lewis-Basen als unterstützende Aktivierungsreagenzien untersucht (Ein-trag 3-5, Tabelle 14). Außerdem wurden die Äquivalente des Reagenzes sowie das SCF$_3$-Reagenz variiert (Eintrag 2/11/12, Tabelle 14).

Tabelle 14: Variation an Parametern für die Darstellung von 2-(2-((Trifluoromethyl)-thio)phenyl)-pyridin.

$$[Cp^*RhCl_2]_2 \; (5 \; Mol\text{-}\%)$$
$$AgSbF_6 \; (20 \; Mol\text{-}\%)$$
$$LM, \; 100\,°C, \; 16h$$

1.00 Äq.   1.10 Äq.

Eintrag	LM	Äquivalente N-SCF$_3$	SCF$_3$-Quelle	Additiv	Ausbeute $^{a)}$
1	AcOH	1.10	N-SCF$_3$P	---	23%
2	AcOH	2.00	N-SCF$_3$P	---	18%
3	AcOH	1.10	N-SCF$_3$P	P(Cy)$_3$	k.R.
4	AcOH	1.10	N-SCF$_3$P	P(Ar)$_3$ $^{b)}$	<5%
5	AcOH	1.10	N-SCF$_3$P	P(Ph)$_3$	<5%
6	HFIP	1.10	N-SCF$_3$P	---	<5%
7	DCE	1.10	N-SCF$_3$P	---	<5%
8	**TFE**	**1.10**	**N-SCF$_3$P**	---	**15%**
9	Cl-AcOH	1.10	N-SCF$_3$P	---	k.R.
10	Cl$_3$-AcOH	1.10	N-SCF$_3$P	---	Spuren
11	DCE	1.10	CuSCF$_3$	---	<5%
12	TFE	1.10	N-SCF$_3$S	---	<5%

$^{a)}$ Ausbeuten durch GC-MS bestimmt; P = Phthalimid; S = Succinimid; $^{b)}$ Ar = (C$_6$F$_5$)

Durch die Variation des Katalysators und die inerten Reaktionsbedingungen konnte die Ausbeute in Essigsäure erhöht werden (23%, Eintrag 1, Tabelle 14). Durch die der Zugabe an Lewis-Base als Additiv konnte keine Verbesserung der Ausbeute beobachtet werden. Interessanterweise führte die Zugabe dieser Additive jedoch zu einer Zersetzung von *N*-Trifluoromethylthiophthalimid. Es wurden diesbezüglich jedoch keine mechanistischen Experimente im Rahmen dieser Arbeit durchgeführt. Bei der Variation der Lösungsmittel führte Trifluorethanol zu dem besten Reaktionsergebnis (15%, Eintrag 8, Tabelle 14). Trifluorethanol vereint die benötigten protischen/aciden Bedingungen und führte die Behebung aller Löslichkeitsprobleme. Andere Reagenzien für die Einführung der SCF$_3$-Gruppe führten zu keiner Verbesserung (Eintrag 11/12, Tabelle 14).

An Hand dieser Ergebnisse (Eintrag 8, Tabelle 14) wurden verschiedene dirigierende Gruppen getestet, sodass der potentielle Substratbereich eingegrenzt werden konnte (Schema 59).

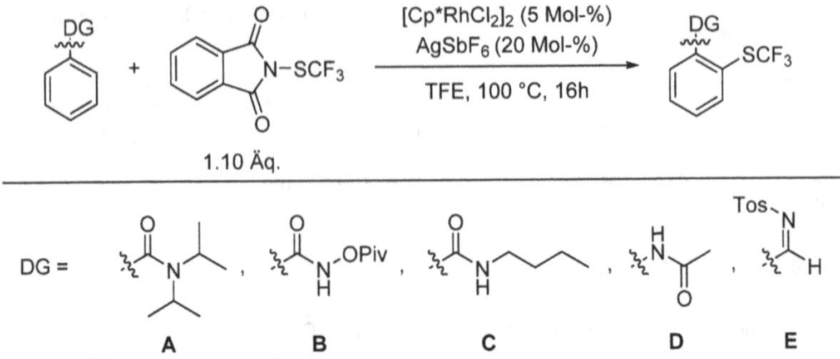

Schema 59: Untersuchung von verschiedenen dirigierenden Gruppen für die direkte Einführung der SCF$_3$-Gruppe.

Nur bei dem tertiären Amid (**A**) konnten unter den optimierten Reaktionsbedingungen Spuren an Produkt (<10%) beobachtet werden. Sowohl sekundäre Amide (**B,C**), Acetanilid (**D**) oder auch ein Imin (**E**) als dirigierende Gruppe führten zu keiner Umsetzung.

Für die Steigerung der Ausbeute wurden im Folgenden andere Katalysatorsysteme getestet, die jedoch unter den angegebenen Reaktionsbedingungen mit Phenylpyridin als Substrat zu keiner Umsetzung führten (Eintrag 1-10, Tabelle 15).

Tabelle 15: Test von verschiedenen Katalysatorsystemen für die Darstellung von 2-(2-(Trifluoromethyl)thio)-phenyl)-pyridin.

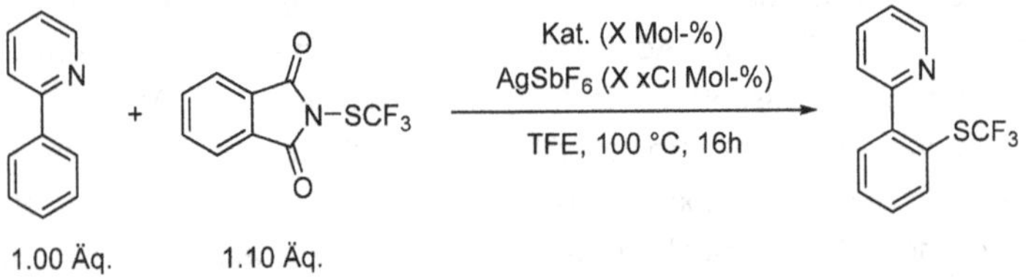

Eintrag	Katalysator	Katalysatorbeladung	Ausbeute [a]
1	(Rh(CO)$_2$Cl)$_2$	5 Mol-%	0%
2	(PPh$_3$)$_3$RhCl	10 Mol-%	0%
3	(Rh(cod)Cl)$_2$	5 Mol-%	0%
4	Rh(cod)ClIMes	10 Mol-%	0%
5	Rh(acac)$_3$	10 Mol-%	0%
6	Rh(OAc)$_2$	10 Mol-%	0%
7	Pd(OAc)$_2$	10 Mol-%	0%
8	PdCl$_2$	10 Mol-%	0%
9	[Cp*Co$_2$]$_2$	5 Mol-%	0%
10	[Cp*IrCl$_2$]$_2$	5 Mol-%	0%

[a] Ausbeuten durch GC-MS bestimmt.

In den nächsten Schritten wurden andere Silberquellen, andere Oxidationsmittel, andere Lewis-Säuren, ebenso wie Pyridine als Lewis-Basen unter den aufgeführten Reaktionsbedingungen getestet (Tabelle 16).

Durch Variation der Additive konnte keine verbesserte Ausbeute erzielt werden (Tabelle 16). Mit Ag(NTf)$_2$ als Additiv konnte die Ausbeute auf 25% gesteigert werden (Eintrag 5, Tabelle 16). Ein vergleichbares Resultat konnte durch Zugabe einer Lewis-Base erreicht werden (Eintrag 13, Tabelle 16).

Da die Variation der Metall-Additive keinen großen Einfluss auf die Aktivität der Reaktion hatte, wurden diese nicht weiter untersucht. Deutlich interessanter erwies sich das Ergebnis von 2-Isopropylpyridin (18%, Eintrag 13, Tabelle 16). Dieses Pyridin, welches als Lewis-Base fungiert, führte zu einer höheren Aktivität des Reagenzes und war gleichzeitig in der Lage die Reaktion nicht zu inhibieren, wie dies bei den Phosphinen zu beobachten war. Durch Zugabe des Pyridins resultierte zum einen eine kontrollierte und langsamere Reaktion. Zum anderen erfolgte ein kontrollierter Abbau des Reagenzes, da auch nach 16 Stunden Reaktionszeit, das Reagenz nicht vollständig zersetzt war.

Tabelle 16: Additiv-Test für die Darstellung von 2-(2-(Trifluoro-methyl)thio)phenyl)-pyridin.

Eintrag	Additiv	Äquivalente (Additiv)	Ausbeute
1	Ag$_2$O	1.50	SM
2	Ag$_2$CO$_3$	1.50	SM, Zersetzung
3	AgOAc	1.50	Spuren, Zersetzung
4	AgOTf	1.50	Spuren
5	**Ag(NTf)$_2$**	**1.50**	**25%**
6	Cu(OAc)$_2$	1.50	16%
7	CuCO$_3$	1.50	Spuren
8	CuO	1.50	Spuren
9	Ag(TFA)	1.50	Spuren
10	BF$_3$·Et$_2$O	0.50	SM
11	Cu(OTf)$_2$	1.50	SM, Zersetzung
12	Cu(2-ethylhexanoat)$_2$	1.50	Spuren
13	**2-^{i}Pr-Pyridin**	**0.50**	**18%**

[a] Ausbeuten durch GC-MS bestimmt, SM = Startmaterial.

Dieselbe Reaktion mit 2-Isopropylpyridin als Additiv wurde ebenfalls bei 60 °C durchgeführt. Es resultierte die gleiche Ausbeute wie bei 100 °C (18%, GC-MS-Analyse). Deshalb wurden die folgenden Reaktionen unter diesen milderen Bedingungen durchgeführt. Da der Einfluss der Pyridine vielversprechend erschien, wurden im Folgenden verschiedene Pyridine untersucht (Schema 60).

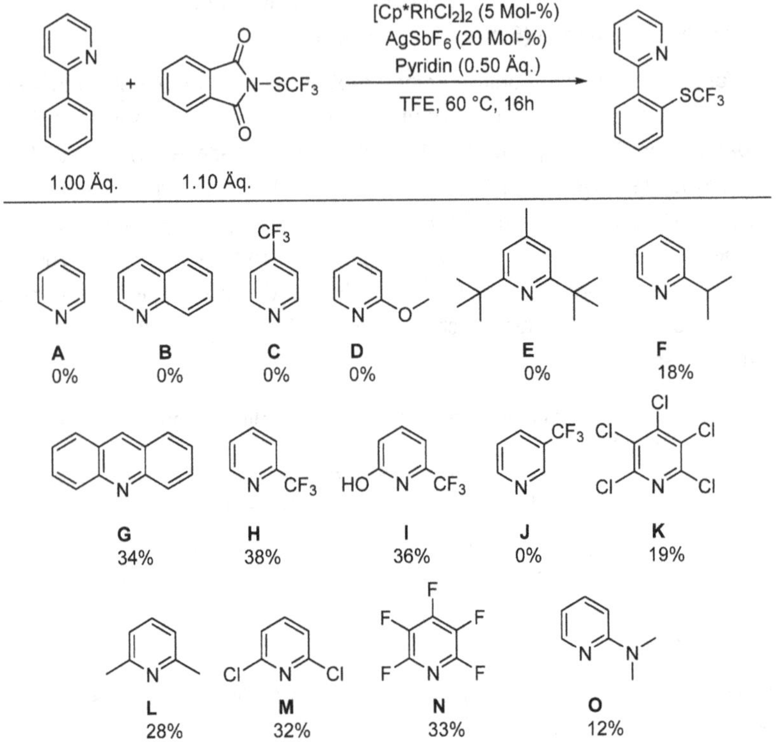

Schema 60: Reaktionsschema für die Pyridin-Untersuchung (Angegebene Ausbeuten sind GC-MS Ausbeuten).

Aus der Pyridin-Untersuchung konnten deutliche Unterschiede zwischen den verschiedenen Pyridinen **A-O** beobachtet werden. Für den Erhalt der Reaktivität wurde mindestens ein Substituent in der 2-Position des jeweiligen Pyridins, der einen gewissen sterischen Anspruch erfüllt, benötigt (Pyridin **F-I/K-O**). Sofern diese Voraussetzung nicht gegeben war, wurde kein Produkt erhalten. Es ist davon auszugehen, dass das korrespondierende Pyridin den Katalysator vergiftet und dementsprechend keine weitere Reaktion möglich war (Pyiridn **A-D/J**). Sobald sterisch zu anspruchsvolle Substituenten in 2-Position und 6-Position vorhanden waren, erfolgte wiederum keine Umsetzung, da das Reagenz nicht aktiviert werden konnte (Pyridin **E**). Unter Verwendung von sehr elektronenarmen Pyridinen konnten bedeutende Verbesserungen der Ausbeuten erzielt werden (Pyridin **H/I/M/N**). Die beste Ausbeute wurde mit 2-Trifluoromethylpyridin erreicht (38%, Pyridin **H**).

Ebenfalls wurde mit dem [Cp*Col₂]₂-Katalysatorsystem eine Reaktion zusammen mit 2-Trifluoromethylpyridin als Lewis-Base durchgeführt. Die Verwendung dieses Katalysatorsystems führte zu einer Ausbeute von 4% (GC-MS Ausbeute).

Durch den Einfluss der Pyridine konnte die Ausbeute um 20% Prozent gesteigert werden, da die Reaktivität des Reagenzes verbessert werden konnte. Jedoch war die Reaktion immer noch langsam, da keine deutliche Umsatzsteigerung auch nach längerer Zeit zu beobachten war (16h-40h). Anhand von 2-Isopropylpyridin wurde ebenfalls der Einfluss von AgSbF₆ auf die Reaktionsbedingungen untersucht.

Unter Verwendung von einem Äquivalent AgSbF₆, konnte die Ausbeute wiederum um 20% gesteigert werden. Unter diesen Reaktionsbedingungen wurde somit nach 16 Stunden eine Ausbeute von 45% erhalten (Grafik 1, Datenpunkt 1).

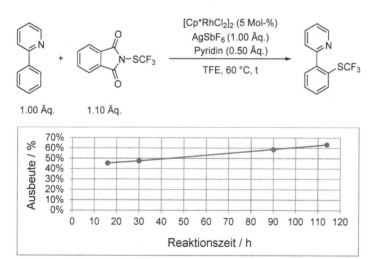

Grafik 1: Kinetikstudie; Bestimmt anhand von GC-MS-Ausbeuten.

Anhand von Grafik 1 konnte zusätzlich gefolgert werden, dass durch die Zugabe von einem Äquivalent AgSbF₆ die Reaktion nicht abgebrochen wird und die Langlebigkeit des Katalysators gefördert wird. Dies wird daran deutlich, dass nach 116 Stunden stets eine Steigerung der Ausbeute beobachtet werden konnte (62%, Datenpunkt 4). Zudem hatte ein höherer Anteil an Silber einen positiven Einfluss auf die Reaktionsgeschwindigkeit, sodass nach kürzerer Zeit eine deutlich bessere Ausbeute erhalten werden konnte.

Dementsprechend wurde darauffolgend unter Verwendung von einem Äquivalent AgSbF$_6$ ein Temperaturscreening mit verschiedenen elektronenarmen Pyridinen bei 40 °C, 60 °C und bei 80 °C durchgeführt (Tabelle 17).

Tabelle 17: Temperaturscreening unter Verwendung von verschiedenen elektronenarmen Pyridinen und einem Äquivalent AgSbF$_6$.

[Cp*RhCl$_2$]$_2$ (5 Mol-%)
AgSbF$_6$ (1.00 Äq.)
Pyridin (0.50 Äq.)

TFE, T, 16h

1.00 Äq.   1.10 Äq.

Eintrag	Pyridin	Temperatur	Ausbeute 16h [a]	Ausbeute 40h [a]
1	2-CF$_3$-Pyridin	40 °C	24%	n.d.
2	Pentafluoropyridin	40 °C	19%	n.d.
3	2,6-Dichloropyridin	40 °C	17%	n.d.
4	2-CF$_3$-Pyridin	60 °C	35%	44%
5	**Pentafluoropyridin**	**60 °C**	**57%**	**59%**
6	2,6-Dichloropyridin	60 °C	42%	44%
7	2-CF$_3$-Pyridin	80 °C	46%	46%
8	Pentafluoropyridin	80 °C	41%	45%
9	2,6-Dichloropyridin	80 °C	33%	46%

[a] Ausbeuten durch GC-MS bestimmt.

Aus dem Temperaturscreening wurde ersichtlich, dass 60 °C die geeignete Temperatur für diese Reaktion war. Pentafluoropyridin führte unter den verschiedenen Pyridinen zu der höchsten Ausbeute nach 16 Stunden Reaktionszeit (57%, Eintrag 5, Tabelle 17). Da die Verlängerung der Reaktionszeit zu keiner erheblichen Steigerung der Ausbeute führte (59%, 40h), wurden 16 Stunden als maximale Reaktionszeit festgelegt.

In einem nächsten Test wurden die Äquivalente an Pyridin und das Verhältnis zwischen Pyridin und AgSbF$_6$ untersucht (Tabelle 18).

Tabelle 18: Variation der Menge an Pyridin und Variation zum Verhältnis von AgSbF₆.

[Cp*RhCl₂]₂ (5 Mol-%)
AgSbF₆
Pyridin
TFE, 60 °C, 16h

1.00 Äq.　　1.10 Äq.

Eintrag	Pyridin	Äq. Pyridin	Äq. AgSbF₆	Ausbeute 16h^a)
1	2-CF₃-Pyridin	1.00	1.00	34%
2	Pentafluoropyridin	1.00	1.00	31%
3	2,6-Dichloropyridin	1.00	1.00	33%
4	2-CF₃-Pyridin	0.25	1.00	34%
5	Pentafluoropyridin	0.25	1.00	35%
6	2,6-Dichloropyridin	0.25	1.00	38%
7	2-CF₃-Pyridin	0.50	0.50	36%
8	Pentafluoropyridin	0.50	0.50	29%
9	2,6-Dichloropyridin	0.50	0.50	26%

^a) Ausbeuten durch GC-MS bestimmt.

Keine der Variationen der Äquivalente an Pyridin, noch die Variation des Verhältnisses von AgSbF₆ führte zu einer Verbesserung der Ausbeute (Eintrag 1-9, Tabelle 18).

Für eine mögliche Steigerung der Ausbeute wurden außerdem verschiedene Silbersalze als Additiv, zusätzlich zu der obligatorischen Menge an AgSbF₆ getestet (Tabelle 19).

Tabelle 19: Ergebnisse der Variation an Silber-Salzzusätzen als Additiv.

[Cp*RhCl₂]₂ (5 Mol-%)
AgSbF₆ (20 Mol-%)
Additiv (80 Mol-%)
Pentafluoropyridin (0.50 Äq.)
TFE, 60 °C, 16h

1.00 Äq.　　1.10 Äq.

Eintrag	Silbersalz-Additiv	Ausbeute 16h ^a)
1	AgOAc	31%
2	Ag(NTf)₂	28%
3	Ag(OTf)	52%
4	CuOAc	24%

^a) Ausbeuten durch GC-MS bestimmt.

Aus den Ergebnissen der Tabelle 19 wurde deutlich, dass kein anderes Silbersalz-Additiv zu einer verbesserten Ausbeute führte (Eintrag 1-4, Tabelle 19).

Da Pentafluoropyridin zu der besten Aktivierung für das N-SCF$_3$-Phthalimid führte (57%, Eintrag 5, Tabelle 17), wurden zusätzlich einige Derivate dieses Pyridins hergestellt, die die Elektronik, sowie den sterischen Einfluss des Pyridins beeinflussen. Diese Derivate konnten in einem Reaktionsschritt erhalten werden (Schema 61).

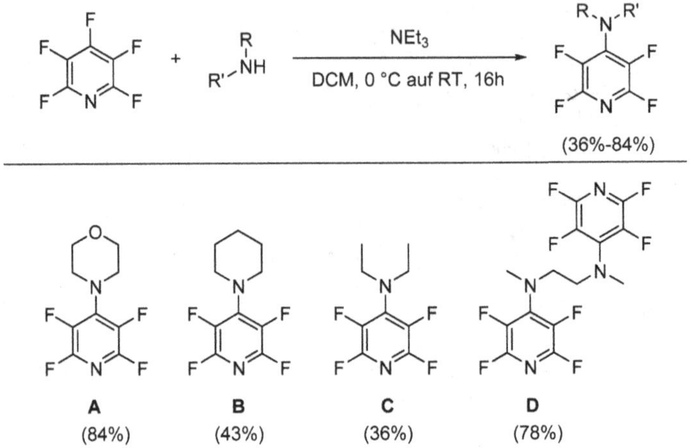

(36%-84%)

A
(84%)

B
(43%)

C
(36%)

D
(78%)

Schema 61: Syntheseweg für die Derivatisierung von Pentafluoropyridin und synthetisierte Derivate.[90]

Diese verschiedenen Pentafluoropyridin-Derivate und drei andere Lewis-basische tertiäre Amine wurden unter den optimierten Reaktionsbedingungen getestet (Tabelle 20).

Tabelle 20: Ergebnisse der Variation an Lewis-Basen und Perfluoropyridin-Derivaten.

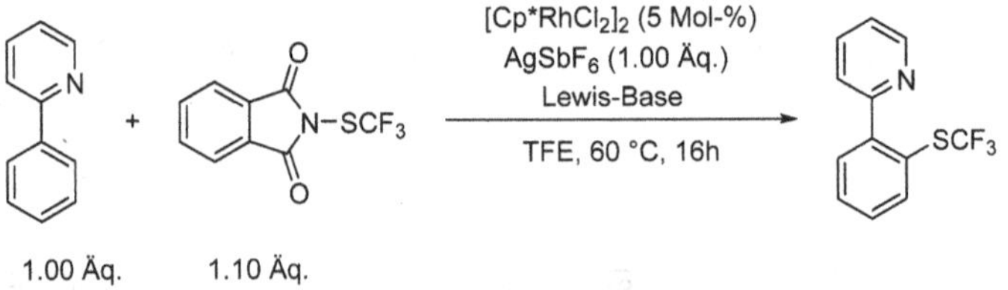

Eintrag	Lewis-Base	Äquivalente (Additiv)	Ausbeute [a]
1	A [b]	0.50	40%
2	B [b]	0.50	34%
3	C [b]	0.50	39%
4	D [b]	0.50	39%
5	D [b]	0.25	45%

Eintrag	Lewis-Base	Äquivalente (Additiv)	Ausbeute [a]
6	Triethylamin	0.50	42%
7	Hünig-Base	0.50	36%
8	N,N-Dimethylethylendiamin	0.50	32%

[a] Ausbeuten durch GC-MS bestimmt; [b] Bezeichnungen aus Schema 61.

Keine der Lewis-Basen, sowie die Perfluoropyridin-Derivate führten zu einer Verbesserung der Ausbeute (Eintrag 1-8, Tabelle 20).

Im Rahmen dieser Arbeit konnte die Reaktion auf eine Ausbeute von 57% unter folgenden Reaktionsbedingungen optimiert werden (Schema 62).

| 1.00 Äq. | 1.10 Äq. | (57%) |

Schema 62: Optimierte Bedingungen für die Übertragung der SCF$_3$-Gruppe.

Die Reaktionsbedingungen für die Rh^{III}-katalysierte Einführung der SCF$_3$-Gruppe an Phenylpyridin durch C–H-Bindungsaktivierung konnten zu einem ähnlichen Ergebnis zu der Palladium katalysierten C–H-Bindungsaktivierung von SHEN et al. optimiert werden.[61] Die Steigerung der Ausbeute ist vor allem auf die besondere Aktivierung des Phthalimid-Reagenzes durch Pyridine zurückzuführen.

3.5 Rh^{III}-katalysierte Chlorierung von Arenen, Olefinen und Heteroaromaten

Im Rahmen dieser Arbeit wurde eine Methode gefunden, die Reaktivität von N-substituierten Phthalimiden zu erhöhen. Wie in Kapitel 3.4 beschrieben, war es möglich, das N-SCF$_3$-Phthalimid durch Zugabe eines Pyridins zu aktivieren und somit reaktiver zu machen. In der Rh^{III}-katalysierten Halogenierung von Arenen, Olefinen und Heteroaromaten (Bromierung und Iodierung) durch C–H-Bindungsaktivierung, die von GLORIUS et al. zwischen 2012-2015 entwickelt wurde, wurden ebenfalls N-substituierte Phthalimide verwendet.[67-69] Dabei sind sowohl das N-Bromphthalimid (NBP) als auch das N-Iodphthalimid (NIP), sowie das N-Bromsuccinimid (NBS) und das N-Iodsuccinimid (NIS), deutlich reaktiver als die korrespondierenden chlorierten Reagenzien. Alle Versuche mit dem N-Chlorphthalimid (NCP), ebenso wie mit dem N-Chlorsuccinimid (NCS) scheiterten unter den literaturbekannten Bedingungen aufgrund von mangelnder Reaktivität. Die aus Kapitel 3.4 entdeckte neue Methode zur

Aktivierung von Phthalimid-Reagenzien, die im Falle von N-SCF$_3$-Phthalimid zu einer Erhöhung der Reaktivität führte, sollte demzufolge für eine mögliche Chlorierung getestet werden. Deshalb wurden die optimierten Reaktionsbedingungen aus Kapitel 3.4 ebenfalls für das N-Chlorphthalimid angewandt (Tabelle 21).

Unter Verwendung von zwei verschiedenen dirigierenden Gruppen, sowie zwei unterschiedlichen Lösungsmitteln wurden Testreaktionen durchgeführt. Die Aktivierung der N-Chlorphthalimide durch Pentafluoropyridin führte zu dem gewünschten chlorierten C–H-Aktivierungs-Reaktionsprodukt (Eintrag 1-4, Tabelle 21). Aus diesem Grund wurde die Reaktion im Rahmen dieser Arbeit optimiert und auf den Substratanwendungsbereich getestet.

Tabelle 21: Ergebnisse der Testreaktionen für die Aktivierung von N-Chlorphthalimid.

Eintrag	Dirigierende Gruppe (DG)	Lösungsmittel	Ausbeute [a]
1	Diisopropylbenzamid	TFE	5%
2	Diisopropylbenzamid	DCE	21%
3	Phenylpyridin	TFE	28%
4	Phenylpyridin	DCE	5%

[a] Ausbeuten durch GC-MS bestimmt.

3.5.1 Optimierung der Reaktionsbedingungen und Substratanwendungsbereich

Zunächst wurde eine Reaktionsreihe für eine Lösungsmittel-Untersuchung mit Diisopropylbenzamid als dirigierende Gruppe getestet (Tabelle 22).

Aus der Lösungsmittel-Untersuchung konnte gefolgert werden, dass unter Verwendung von Dichlorethan als Lösungsmittel die höchste Ausbeute erreicht werden konnte (21%, Eintrag 8, Tabelle 22). Die anderen Lösungsmittel führten zu entweder keiner Umsetzung (Eintrag 1-3/6/7, Tabelle 22) oder nur zu Spuren an Produkt (Eintrag 4/5, Tabelle 22).

Tabelle 22: Lösungsmittel-Untersuchung für die Chlorierung von Diisopropylbenzamid.

[Cp*RhCl$_2$]$_2$ (5 Mol-%)
AgSbF$_6$ (20 Mol-%)
Pentafluoropyridin (0.50 Äq.)
LM, 60 °C, 16h

1.00 Äq.   1.10 Äq.

Eintrag	Lösungsmittel	Ausbeute [a]
1	Toluol	SM [b]
2	^{t}Amyl-OH	SM [b]
3	DMF	SM [b]
4	HFIP	8%
5	Ph-Cl	Spuren
6	Dioxan	SM [b]
7	EtOH	SM [b]
8	DCE	21%

[a] Ausbeuten durch GC-MS bestimmt; [b] SM = Startmaterial beobachtet.

Anschließend wurde eine Reaktionsreihe an generellen Methoden zusammengestellt, die sich aus den Kenntnissen der SCF$_3$-Chemie und der Rh^{III}-katalysierten Halogenierung von GLORIUS et al. zusammensetzte (Tabelle 23).[67-69]

Tabelle 23: Reaktionsreihe für die Chlorierung von Diisopropylbenzamid.

[Cp*RhCl$_2$]$_2$ (5 Mol-%)
AgSbF$_6$ (20 Mol-%)
Pentafluoropyridin (0.50 Äq.)
DCE, 60 ° C,16h

1.00 Äq.   1.10 Äq.

Eintrag	Additiv	Cl-Reagenz	Ausbeute [a]
1	PivOH (1.10 Äq.)	NCP	k.R.
2	AgSbF$_6$ (1.00 Äq.)	NCP	Spuren
3	---[b]	NCP	Spuren
4	---	TCC [e]	100%
5	---	NCS	6%
6	---[c]	NCP	6%
7	---[d]	NCP	15%

[a] Ausbeuten durch GC-MS bestimmt; [b] Katalysatorsystem durch Cp*Rh(MeCN)$_3$(SbF$_6$)$_2$ (10 Mol-%) ersetzt; [c] 2,6-Dicarboxypyridin (0.50 Äq.) anstatt Pentafluoropyridin; [d] 2,4,6-Trichloropyridin (0.50 Äq.) anstatt Pentafluoropyridin; [e] TCC = Trichloroisocyanosäure.

Durch Zugabe von Pivalinsäure konnte für die Bromierung und Iodierung immer eine Steigerung der Ausbeute erreicht werden. Aus diesem Grund wurde diese ebenfalls unter diesen Reaktionsbedingungen getestet (Eintrag 1, Tabelle 23). Jedoch führte die Zugabe von Pivalinsäure zu keinem Produkt. Es war davon auszugehen, dass die Pivalinsäure das Pyridin in der Reaktionslösung protoniert und somit keine Aktivierung des N-Chlorphthalimids mehr möglich war. Die Zugabe von einem Äquivalent an $AgSbF_6$, führte zu keiner Verbesserung zu ansonsten verwendeten 20 Mol-% an $AgSbF_6$ (Eintrag 2, Tabelle 23). Ebenfalls resultierte der Wechsel des Katalysatorsystems in keiner Verbesserung der Ausbeute (Eintrag 3, Tabelle 23). Außerdem führte die Verwendung anderer elektronenziehender Pyridine zu keiner Steigerung der Ausbeute (Eintrag 6/7, Tabelle 23). Zusätzlich wurden ebenfalls andere Chlorierungsreagenzien verwendet (Eintrag 4/5, Tabelle 23). Mit NCS als Reagenz konnten 6% Produkt beobachtet werden, wohingegen mit TCC (Trichloroisocyanosäure, Eintrag 4, Tabelle 23) voller Umsatz beobachtet wurde.

Aus diesem Grund wurden mit Trichloroisocyanosäure weitere Optimierungsversuche durchgeführt (Tabelle 24).

Mit TCC als Chlorierungsreagenz konnte die Ausbeute auf 100% gesteigert werden (Eintrag 1, Tabelle 24). Zunächst wurde die Zugabe an Pyridin variiert (Eintrag 1-3, Tabelle 24). Aus den Ergebnissen wurde deutlich, dass im Fall von TCC als Chlorierungsreagenz keine Aktivierung durch das Pyridin mehr nötig war, da ohne Pyridin ebenso voller Umsatz erreicht werden konnte (Eintrag 3, Tabelle 24). Die Änderung des Katalysatorsystems führte zu deutlich schlechterem Umsatz (55%, Eintrag 4, Tabelle 24). Die Reduzierung an Chlorierungsreagenz auf 0.50 Äquivalente (100%, Eintrag 5, Tabelle 24) und 0.35 Äquivalente (78%, Eintrag 6, Tabelle 24) führte ebenfalls zu sehr hohem Umsatz. Jedoch wurde deutlich, dass mindestens 0.50 Äquivalente für vollen Umsatz notwendig sind (100%, Eintrag 5, Tabelle 24). Die Reduzierung der Katalysatorladung führte im Falle von 2.5 Mol-% (98%, Eintrag 7, Tabelle 24) ebenfalls zu vollem Umsatz, wohingegen bei einer Katalysatorladung von 1.0 Mol-% kaum noch Umsatz beobachtet werden konnte (<10%, Eintrag 8, Tabelle 24). Die Kontrollexperimente ohne Katalysator mit Silbersalz sowie ohne Katalysator und ohne Silbersalz führten zu keiner Umsetzung, sodass sicher die C–H-Bindungsaktivierung verifiziert werden konnte (Eintrag 9/10, Tabelle 24).

Tabelle 24: Variationen für die Darstellung von 2-Chlorodiisopropylbenzamid mit TCC als Reagenz.

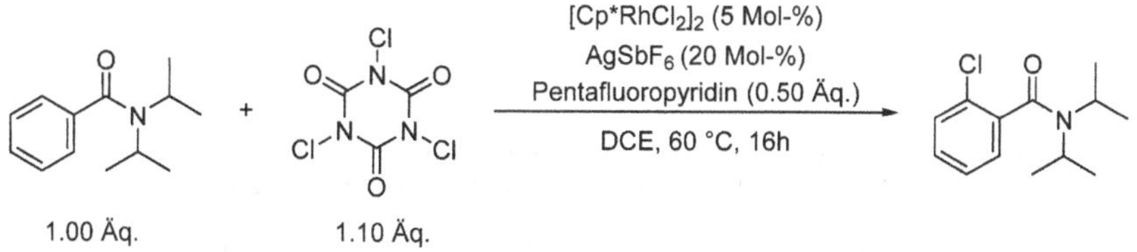

Eintrag	Menge an Pyridin	Temperatur	Katalysatorladung	Ausbeute [a]
1	0.50 Äq.	60 °C	5 Mol-%	100%
2	0.20 Äq.	60 °C	5 Mol-%	100%
3	---	60 °C	5 Mol-%	100%
4	0.50 Äq.	60 °C	10 Mol-% [b]	55%
5	0.50 Äq.	60 °C	5 Mol-%	100% [c]
6	0.50 Äq.	60 °C	5 Mol-%	78% [d]
7	0.50 Äq.	60 °C	2.5 Mol-%	98%
8	0.50 Äq.	60 °C	1.0 Mol-%	<10%
9	0.50 Äq.	60 °C	--- [e]	k.R. [g]
10	0.50 Äq.	60 °C	--- [f]	k.R. [g]
11	0.50 Äq.	40 °C	5 Mol-%	94%
12	0.50 Äq.	RT	5 Mol-%	55%

[a] Ausbeuten durch GC-MS bestimmt; [b] Katalysatorsystem durch Cp*Rh(MeCN)$_3$(SbF$_6$)$_2$ ersetzt; [c] 0.50 Äq. an TCC verwendet; [d] 0.35 Äq. an TCC verwendet; [e] Reaktion ohne Rhodium und ohne Silber; [f] Reaktion ohne Rhodium aber mit Silber (20 Mol-%); [g] k.R. = keine Reaktion.

Die besten Ergebnisse aus Tabelle 24 wurden anschließend miteinander vereint sodass sich die folgenden optimierten Reaktionsbedingungen ergaben (Schema 63).

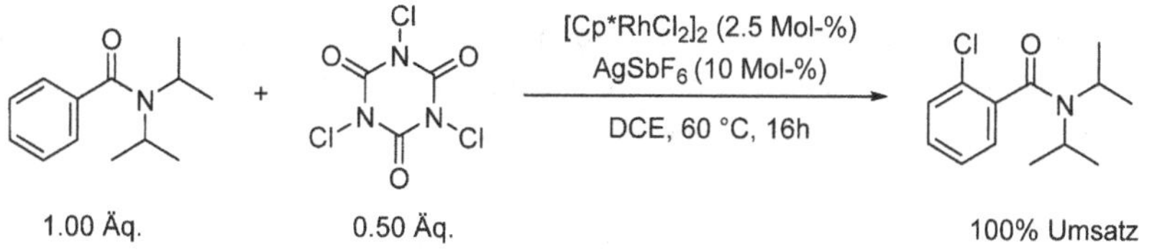

Schema 63: Reaktionsbedingungen für die Chlorierung von Diisopropylbenzamid mit TCC als Chlorierungsreagenz (GC-MS-Ausbeute/Umsatz).

Die kombinierten Ergebnisse führten zu vollem Umsatz (Schema 63), sodass unter diesen Bedingungen ebenfalls verschiedene Olefine und auch Heterocyclen auf eine mögliche Anwendung getestet wurden (Abbildung 7).

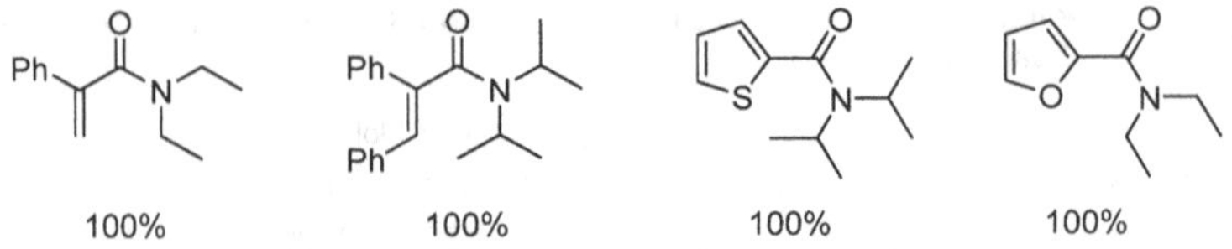

100%   100%   100%   100%

Abbildung 7: Umsätze in der GC-MS von verschiedenen Substraten, getestet unter den optimierten Reaktionsbedingungen für die Chlorierung (Schema 63).

Alle getesteten Substrate führten zu vollständigem Umsatz (GC-MS-Analyse), sodass schließlich mit den optimierten Bedingungen der Anwendungsbereich getestet wurde.

Zunächst wurde der Anwendungsbereich der Reaktion auf die Substratklasse der Benzamide getestet. Zusätzlich wurde mit Diisopropylbenzamid eine Skalierungsreaktion durchgeführt (Schema 64).

Die mit elektronenarmen Gruppen in *para*-Position substituierten Benzamide (H, Br, Cl, CF$_3$, COOMe) führten unter den optimierten Reaktionsbedingungen zu guten bis hin zu hervorragenden isolierten Ausbeuten. Ebenfalls war es möglich, ein Skalierungsexperiment erfolgreich zu isolieren. So wurde das chlorierte Benzamid in einer Ausbeute von 90% in einem 10 mmol-Maßstab erhalten. Bei dem *meta*-Bromdiisopropylbenzamid wurden zwei Isomere auf der GC-MS erhalten. Da unter den Reaktionsbedingungen nur ein Umsatz von 55% erreicht wurde, wurde das Produkt auch vorerst nicht isoliert. Unter Verwendung von elektronenreichen Substraten wurde entweder das falsche Isomer (*p*-OMe-Benzamid) oder gar keine Reaktion (*p*-Me-Benzamid) beobachtet. Für das *para*-OMe-Benzamid wurde ausschließlich das meta-chlorierte Produkt isoliert. Es ist davon auszugehen, dass die elektrophile Aromatische Substitution deutlich schneller gegenüber der C–H-Bindungsaktivierung ist. Die Begründung für die ausbleibende Reaktion bei einem Methylsubstituenten konnte im Rahmen dieser Arbeit nicht geklärt werden.

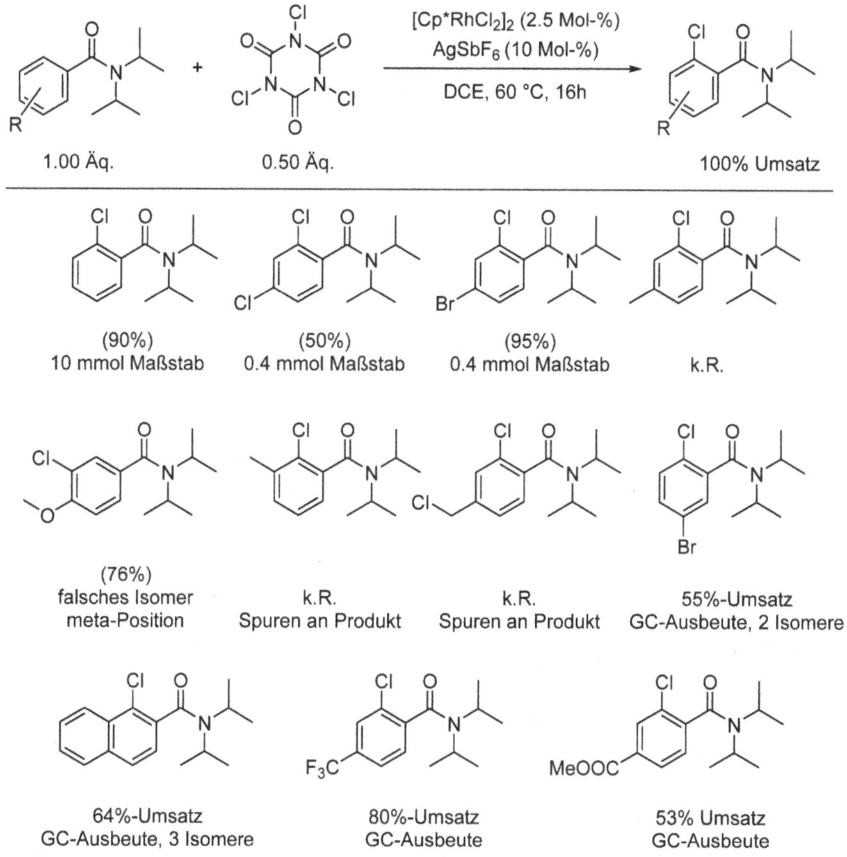

$[Cp^*RhCl_2]_2$ (2.5 Mol-%)
AgSbF$_6$ (10 Mol-%)

DCE, 60 °C, 16h

1.00 Äq. 0.50 Äq. 100% Umsatz

(90%)
10 mmol Maßstab

(50%)
0.4 mmol Maßstab

(95%)
0.4 mmol Maßstab

k.R.

(76%)
falsches Isomer
meta-Position

k.R.
Spuren an Produkt

k.R.
Spuren an Produkt

55%-Umsatz
GC-Ausbeute, 2 Isomere

64%-Umsatz
GC-Ausbeute, 3 Isomere

80%-Umsatz
GC-Ausbeute

53% Umsatz
GC-Ausbeute

Schema 64: Anwendungsbereich der Chlorierung mit TCC (in Klammern isolierte Ausbeute, Umsatzangaben beziehen sich auf GC-Ausbeute).

Mit den optimierten Reaktionsbedingungen wurde zusätzlich der Anwendungsbereich auf verschiedene dirigierende Gruppen getestet (Schema 65).

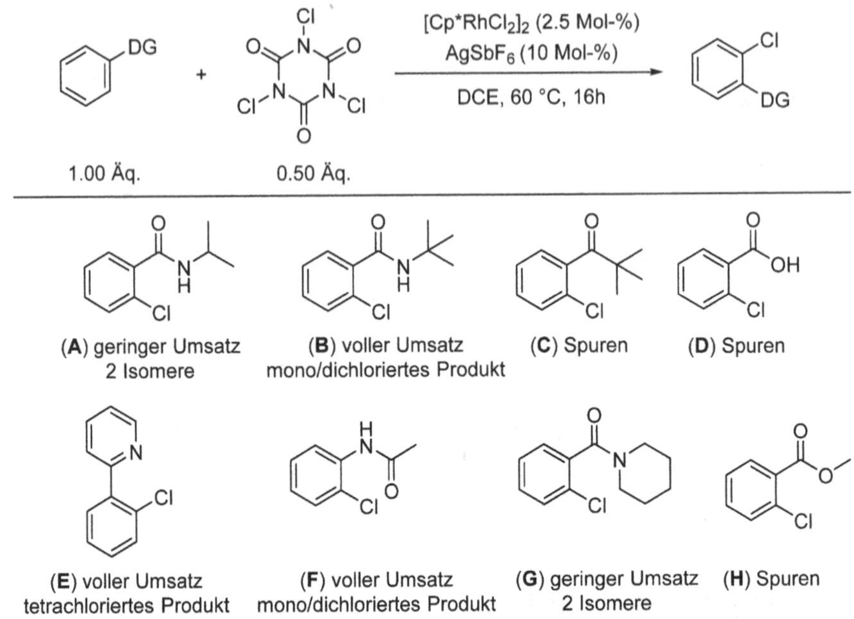

Schema 65: Andwendung der optimierten Reaktionsbedingungen auf andere dirigierende Gruppen (GC-MS-Analyse).

Bei den sekundären Benzamiden (**A/B**, Schema 65) konnten jeweils zwei Reaktionsprodukte auf der GC-MS beobachtet werden. Zusätzlich wurde kein voller Umsatz erreicht. Bei DG **A** ist zu erwarten, dass sowohl das am Stickstoff chlorierte Produkt, ebenso wie das gewünschte Produkt erhalten wurde. Bei DG **B** wurde nur mono- und dichloriertes Produkt erhalten. Bei Ketonen, Carboxy-Gruppen oder Estern (**C/D/H**, Schema 65) konnten unter den optimierten Reaktionsbedingunen lediglich Spuren an gewünschtem Reaktionsprodukt auf der GC-MS detektiert werden. Das von FAGNOU *et al.* eingeführte Acetanilid führte auch zu zwei Chlorierungsprodukten (**F**, Schema 65). Analoge Reaktionsprodukte wie bei den sekundären Amiden waren auch hier zu erwarten. Phenylpyridin (**E**, Schema 65) wurde unter den optimierten Bedingungen vierfach chloriert.

Auch für die verschiedenen dirigierenden Gruppen, sowie die elektronenreichen Benzamide stellten sich die bis dahin optimierten Reaktionsbedingungen nicht als optimal heraus, sodass in diesen Fällen eine Nachoptimierung der Reaktion erforderlich war.

Die in Abbildung 7 dargestellten Olefine und Heterocyclen wurden ebenfalls in einem publizierbarem Maßstab (0.4 mmol) unter den optimierten Reaktionsbedingungen getestet und jeweils isoliert (Schema 66).

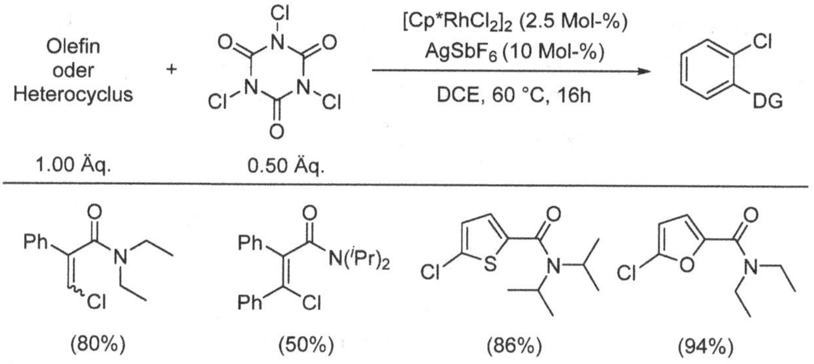

Schema 66: Isolierte Produkte an Olefinen und an Heterocyclen nach Anwendung der optimierten Reaktionsbedingungen.

Bei den Heterocyclen ebenso wie bei den Olefinen konnte nicht das gewünschte Produkt erhalten werden, sondern jeweils das Produkt der elektrophilen aromatischen Substitution. Zusätzlich wurden alle diese Reaktionen ohne Katalysatorsystem durchgeführt. Bei jeder Reaktion wurde ebenfalls 100% Umsatz auf der GC-MS beobachtet, sodass in diesen Fällen nicht von Rh^{III}-katalysierter C–H-Bindungsaktivierung ausgegangen werden kann.

Da sowohl bei den elektronenreichen Benzamiden, den Olefinen und den Heterocyclen, ebenso wie den verschiedenen dirigierenden Gruppen eine zu hohe Reaktivität erreicht wurde, mussten die optimierten Bedingungen hin zu weniger Reaktivität modifiziert werden. Da die reaktiven Reaktionsbedingungen jedoch für elektronenarme, wenig reaktive Benzamide hervorragend funktionieren, wurde nur für die elektronenreichen sehr reaktiven Benzamide das System verbessert. Somit sollten schließlich zwei verschiedene Reaktionsbedingungen vorliegen. Zum einen ein sehr reaktives System für elektronenarme Reaktionspartner und ein weniger reaktives System für elektronenreiche Reaktionspartner. Für das weniger reaktive System wurde das *para*-OMe-Benzamid als Substrat für die Optimierung verwendet. Die Reaktionskontrolle wurde über die GC-MS geführt, da die beiden chlorierten Produktisomere unterschiedliche Retentionszeiten aufwiesen. Da TCC sehr leicht Chlor übertragen kann, wurden zunächst weniger reaktive Chlor-übertragende Reagenzien getestet. In dem Übersichtsartikel über TCC von TILSTAM und WEINMANN wurden die Eigenschaften von TCC sehr ausführlich beschrieben.[91] Ebenso vergleicht dieser Artikel die Fähigkeiten von verschiedenen Chlorierungsreagenzien. Da NCS und NCP sehr schwache Chlor-übertragende Reagenzien sind, die auch schon in der Optimierung für unsubstituierte Benzamide angewendet wurden, wurden diese nicht mehr für die Nachoptimierung genutzt. In dem Artikel werden jedoch auch 1,3-Dichloro-5,5-dimethylhydantoin (**A**, NDDH) und das Dichloroisocyansäure-Natriumsalz (**B**, DCCA) genau beschrieben. Diese beiden Reagenzien liegen von der Reaktivität genau zwischen TCC und NCS beziehungsweise NCP. In einer ersten Versuchsreihe wurden diese beiden Reagenzien getestet (Schema 67).

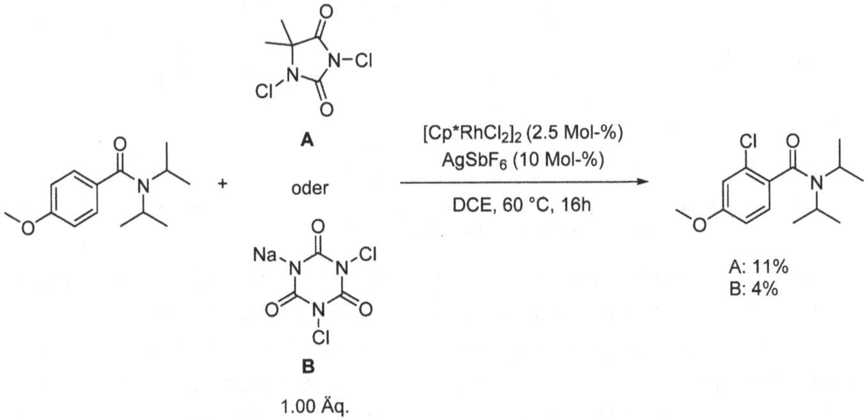

Schema 67: Nachoptimierung der Chlorierung für *para*-Methoxydiisopropylbenzamid (GC-MS-Ausbeuten).

Unter Verwendung von NDDH (**A**) konnte unter diesen Bedingungen 11% an C–H-Aktivierungsprodukt erhalten werden. Es wurde kein Produkt der elektrophilen aromatischen Substitution beobachtet. Unter Verwendung von dem DCCA (**B**) wurde unter den analogen Bedingungen 4% an gewünschten C–H-Aktivierungsprodukt erhalten, wohingegen hierbei auch 14% an elektrophilem Aromatischen Substitutionsprodukt beobachtet wurden. Da NDDH ausschließlich zu dem C–H-Aktivierungsprodukt führte, wurde dieses Reagenz in Folge für die weitere Optimierung genutzt.

Für diese wurden zunächst verschiedene Additive getestet.

Tabelle 25: Ergebnisse der Variation an Additiven für die Chlorierung von elektronenreichen Benzamiden, durch NDDH.

$[Cp^*RhCl_2]_2$ (2.5 Mol-%)

$AgSbF_6$ (10 Mol-%)

Additiv

DCE, 60 °C, 16h

1.00 Äq.   1.00 Äq.

Eintrag	Temperatur	Additiv	Äq.-Additiv	Ausbeute [a]
1	60 °C	---	---	10% [b]
2	60 °C	Pentafluoropyridin	0.50 Äq.	30%
3	140 °C	---	---	24% ; 64% [c]
4	60 °C	CF_3COOH	2.00 Äq.	k.R. [d]
5	60 °C	CF_3SO_3H	2.00 Äq.	82% [c]
6	60 °C	PivOH	1.00 Äq.	100% [c]

[a] Ausbeuten durch GC-MS bestimmt; [b] Katalysatorsystem durch $Cp^*Rh(MeCN)_3(SbF_6)_2$ ersetzt; [c] Elektrophiles Aromatisches Substitutionsprodukt; [d] k.R. = keine Reaktion.

Durch Änderung des Katalysatorsystems wurde keine Verbesserung der Ausbeute erzielt (Eintrag 1, Tabelle 25). Interessanterweise konnte wiederum durch Zugabe von Pentafluoropyridin als Lewis-Base die Ausbeute auf 30% gesteigert werden (Eintrag 2, Tabelle 25). Durch Zugabe von Broensted-Säuren (Eintrag 4-6, Tabelle 25), sowie durch Erhöhung der Temperatur (Eintrag 3, Tabelle 26) wurde ausschließlich das Produkt der elektrophilen Aromatischen Substitution erhalten.

Schließlich wurde zunächst das Reaktionsergebnis der Broensted-Säuren in einem Reaktionsscreen untersucht, da Broensted-Säuren zur Aktivierung des Reagenzes führten. Durch Zugabe von verschiedenen Broensted-Säuren (pTsOH·H2O, CF3COOH, Quadratsäure, Diisopropylthioharnstoff) war es zwar möglich das Reagenz zu aktivieren, jedoch wurde ausschließlich das elektrophile Aromatische Substitutionsprodukt erhalten.

Da die Zugabe an Pentafluoropyridin ebenfalls zu einer erfolgreichen Aktivierung von NDDH führte (Eintrag 2, Tabelle 25), wurden wiederum verschieden Lewis-Basen, insbesonders verschiedene Pyridine getestet (Schema 68).

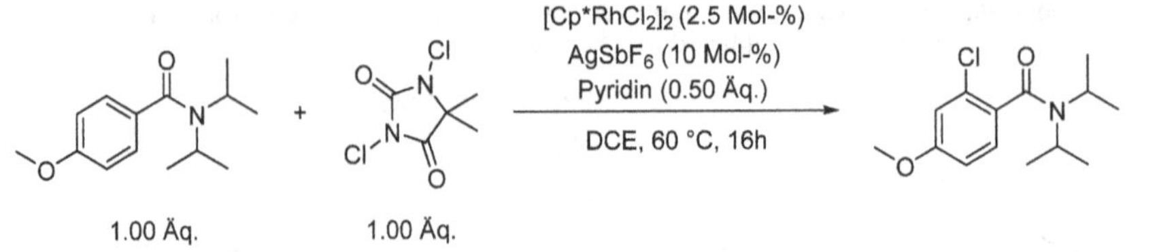

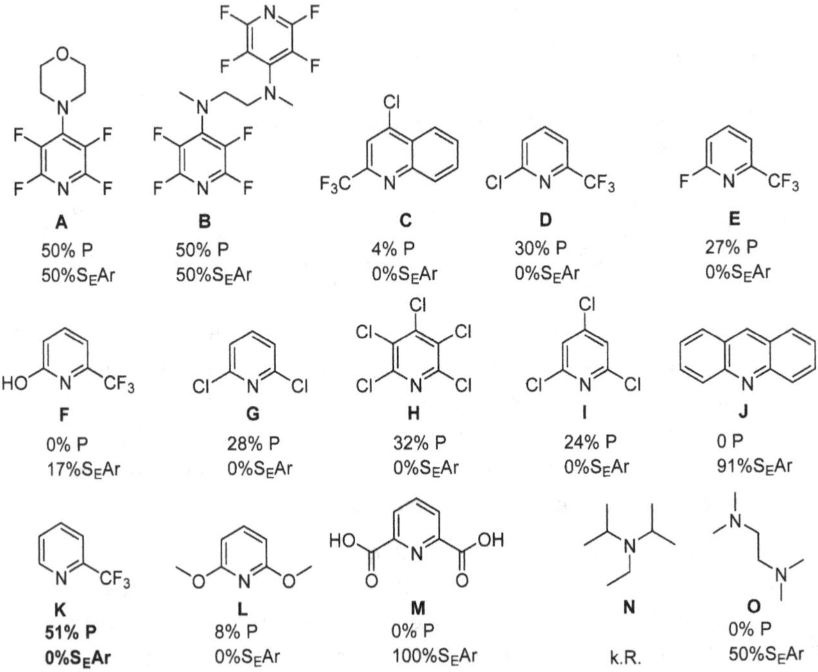

Schema 68: Pyridinscreening und Ausbeuten für die Chlorierung von para-OMe-Diisopropylbenzamid. P = gewünschtes C–H-Aktivierungsprodukt.

Aus dem Pyridinscreening (Schema 68) ist zu erkennen, dass unter der Verwendung von 2-Trifluoromethylpyridin (**K**) selektiv nur das gewünschte Produkt erhalten wurde. Alle anderen Pyridine aktivierten das Substrat deutlich weniger. Bei den Derivaten von Pentafluoropyridin (**A/B**) wurde eine unselektive Reaktivität erhalten, da sowohl das gewünschte Produkt, als auch das Produkt der elektrophilen Aromatischen Substitution gebildet wurden. Bei aciden Protonen an den Pyridinen wurde sofort das Produkt der elektrophilen Aromatischen Substitution erhalten (**F/M**).

Da 2-Trifluoromethylpyridin zu der besten Aktivierung des Reagenzes führte und deshalb auch die beste Ausbeute des Produkts lieferte, wurde mit diesem Pyridin als Additiv die weitere Reaktionsoptimierung untersucht (Tabelle 26).

Tabelle 26: Reaktionsoptimierung durch Variation der Temperatur, der Äquivalente an NDDH und an Pyridin.

$$[Cp^*RhCl_2]_2 \ (2.5 \ \text{Mol-\%})$$
$$AgSbF_6 \ (10 \ \text{Mol-\%})$$
2-CF$_3$-Pyridin
DCE, T, 16h

1.00 Äq.

Eintrag	Temperatur	Äq. NDDH	Äq.-Pyridin	Ausbeute[a]
1	60 °C	1.50 Äq.	0.50 Äq.	33%
2	60 °C	1.00 Äq.	0.25 Äq.	46%
3	60 °C	1.00 Äq.	1.00 Äq.	20%
4	80 °C	1.00 Äq.	0.50 Äq.	75% [b]
5	60 °C	1.00 Äq.	0.50 Äq.	17% [c]
6	60 °C	---	0.50 Äq.	k.R. [d]
7	60 °C	---	0.50 Äq.	1% [e]

[a] Ausbeuten durch GC-MS bestimmt; [b] Elektrophiles Aromatisches Substitutionsprodukt; [c] 1 Äquivalent AgSbF$_6$ hinzugesetzt; [d] 1 Äquivalent NCS hinzugesetzt; [e] 1 Äquivalent NCP hinzugesetzt.

Die Änderung der Äquivalente an Pyridin, sowie die Erhöhung der Äquivalente an NDDH (Eintrag 1-3, Tabelle 26) führte zu keiner Verbesserung der Ausbeute. Die Steigerung der Temperatur (Eintrag 4, Tabelle 28) resultierte in der Umkehr der gewünschten Reaktivität. Die erhöhte Zugabe an AgSbF$_6$ (Eintrag 5, Tabelle 26) führte zu einer Verschlechterung der Ausbeute. Auch mit den bis dahin optimierten Reaktionsbedingungen zeigte sowohl NCS als auch NCP keine Reaktion zu dem Zielprodukt (Eintrag 6/7, Tabelle 26). Durch Halbierung der Äquivalente an Pyridin (0.25 Äq., Eintrag 2, Tabelle 26) konnte eine etwas geringere Ausbeute wie unter Verwendung von 0.50 Äqivalenten erreicht werden (**K**, Schema 68)

Die Variation der Konzentration der Reaktionslösung führte bei Verringerung der Konzentration jeweils zu einer geringeren Ausbeute an C–H-Aktivierungsprodukt (0.05M = 20%, 0.10M = 25%). Bei Erhöhung der Konzentration (0.30M, 0.40M, 0.50M, 1.00M) wurde ausschließlich das Produkt der elektrophilen Aromatischen Substitution beobachtet. Zusätzliche Versuche mit dem [Cp*CoI$_2$]$_2$-Katalysatorsystem führten auch zu dem elektrophilen Aromatischen Substitutionsprodukt.

Als letztes wurde im Rahmen dieser Arbeit die Menge an AgSbF$_6$ variiert. Zusätzlich wurde ebenfalls das Verhältnis zwischen Katalysator ([Cp*RhCl$_2$]$_2$ und Cp*Rh(MeCN)$_3$(SbF$_6$)$_2$) und Silbersalz untersucht (Tabelle 27).

Anhand der Tabelle 27 wird deutlich, dass mit dem [Cp*RhCl$_2$]$_2$-Katalysator für dieses Reaktionssystem (Eintrag 1-14, Tabelle 27) deutlich bessere Resultate als mit dem kationischen Cp*Rh(MeCN)$_3$(SbF$_6$)$_2$-Katalysator erzielt werden konnten (Eintrag 15-22, Tabelle 27). Durch Variation des Verhältnisses zwischen Katalysator und Silbersalz konnte die Ausbeute auf 95% erhöht werden (Eintrag 13, Tabelle 27). Dieses Ergebnis konnte jedoch nur mit der relativ hohen Katalysatorladung von 5 Mol-% erreicht werden. Das beste Ergebnis bei einer Katalysatorladung von 2.5 Mol-% konnte durch Zugabe von 40 Mol-% an AgSbF$_6$ erreicht werden (80%, Eintrag 4, Tabelle 27). Unter Zugabe von 3.5 Mol-% an Katalysator mit weniger Silbersalzzusatz (30 Mol-%) konnte ein ähnliches Ergebnis mit einer Ausbeute von 77% erhalten werden (Eintrag 9, Tabelle 27).

Tabelle 27: Änderung der Äqivalente an AgSbF$_6$ und Variation zwischen dem Verhältnis aus Katalysatorladung und Silbersalz.

Eintrag	Katalysator	Äq.-Katalysator	Äq.-AgSbF$_6$	Ausbeute [a]
1	[Cp*RhCl$_2$]$_2$	2.5 Mol-%	10 Mol-%	51%
2	[Cp*RhCl$_2$]$_2$	2.5 Mol-%	20 Mol-%	63%
3	[Cp*RhCl$_2$]$_2$	2.5 Mol-%	30 Mol-%	61%
4	**[Cp*RhCl$_2$]$_2$**	**2.5 Mol-%**	**40 Mol-%**	**80%**
5	[Cp*RhCl$_2$]$_2$	2.5 Mol-%	50 Mol-%	42%
6	[Cp*RhCl$_2$]$_2$	2.5 Mol-%	60 Mol-%	33%
7	[Cp*RhCl$_2$]$_2$	2.5 Mol-%	70 Mol-%	24%
8	[Cp*RhCl$_2$]$_2$	3 Mol-%	30 Mol-%	70%
9	**[Cp*RhCl$_2$]$_2$**	**3.5 Mol-%**	**30 Mol-%**	**77%**
10	[Cp*RhCl$_2$]$_2$	4 Mol-%	30 Mol-%	76%
11	[Cp*RhCl$_2$]$_2$	4.5 Mol-%	30 Mol-%	77%
12	[Cp*RhCl$_2$]$_2$	5 Mol-%	20 Mol-%	63%
13	**[Cp*RhCl$_2$]$_2$**	**5 Mol-%**	**30 Mol-%**	**95%**
14	[Cp*RhCl$_2$]$_2$	5 Mol-%	40 Mol-%	64%
15	Cp*Rh(MeCN)$_3$(SbF$_6$)$_2$	5 Mol-%	10 Mol-%	35%
16	Cp*Rh(MeCN)$_3$(SbF$_6$)$_2$	5 Mol-%	20 Mol-%	28%
17	Cp*Rh(MeCN)$_3$(SbF$_6$)$_2$	5 Mol-%	30 Mol-%	31%
18	Cp*Rh(MeCN)$_3$(SbF$_6$)$_2$	5 Mol-%	40 Mol-%	17%

Eintrag	Katalysator	Äq.-Katalysator	Äq.-AgSbF$_6$	Ausbeute [a]
19	Cp*Rh(MeCN)$_3$(SbF$_6$)$_2$	10 Mol-%	10 Mol-%	40%
20	Cp*Rh(MeCN)$_3$(SbF$_6$)$_2$	10 Mol-%	20 Mol-%	40%
21	Cp*Rh(MeCN)$_3$(SbF$_6$)$_2$	10 Mol-%	30 Mol-%	29%
22	Cp*Rh(MeCN)$_3$(SbF$_6$)$_2$	10 Mol-%	40 Mol-%	27%

[a] Ausbeuten durch GC-MS bestimmt.

Somit konnten auch weniger reaktive Reaktionsbedingungen für die Chlorierung von elektronenreichen Substraten entwickelt werden (Schema 69).

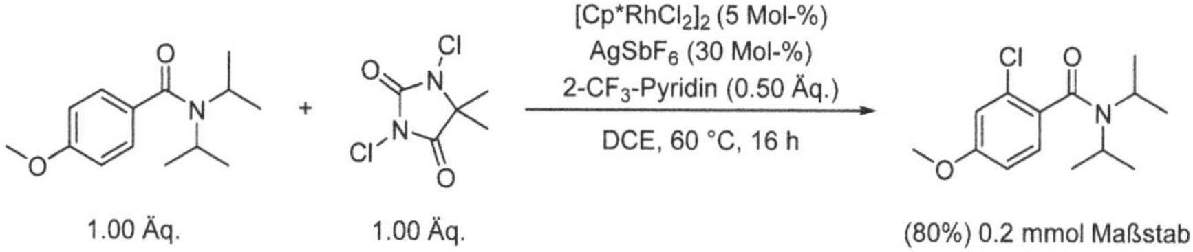

Schema 69: Weniger reaktive, optimierte Reaktionsbedingungen für die Chlorierung von elektronenreichen Substraten (isolierte Ausbeute).

Das gewünschte Produkt konnte in einem 0.2 mmol Maßstab in einer Ausbeute von 80% isoliert werden (Schema 69). Eine weitere Anwendung dieser optimierten Reaktionsbedingungen auf andere elektronenreiche Substrate konnte im Rahmen dieser Arbeit nicht mehr durchgeführt werden.

Somit konnte für die Chlorierung ein sehr reaktives Katalysatorsystem für elektronenarme Substrate und ein weniger reaktives Katalysatorsystem für elektronenreiche Substrate entwickelt werden. Die Anwendung des reaktiven Katalysatorsystems konnte bereits auf einen kleinen Anwendungsbereich übertragen werden. Die Anwendung des weniger reaktiven Katalysatorsystems muss noch auf die Anwendbarkeit für elektronenreiche Substrate untersucht werden.

4 Zusammenfassung und Ausblick

4.1 Diazen-Carboxylate als Traceless-Directing Group

Im Rahmen dieser Arbeit konnten Diazen-Carboxylate als eine neue dirigierende Gruppe in die seltene Klasse der Traceless Directing Groups eingeordnet werden. Dabei wurden verschiedene Experimente für den Anwendungsbereich dieser neuen Traceless Directing Group durchgeführt. Es konnte festgestellt werden, dass die dirigierende Gruppe sowohl unter sauren, als auch unter basischen Bedingungen aktiv und unter beiden Bedingungen vollständig abbaubar ist. Aufgrund der Stabilität der dirigierenden Gruppe in einem sowohl sauren als auch basischen Milieu, war es möglich Halogenierungen, Carbeninsertionen, Alkinylierungen und Allylierungen spurlos durchzuführen (Schema 70). Die gewünschten Produkte konnten jeweils auf der GC-MS beobachtet werden.

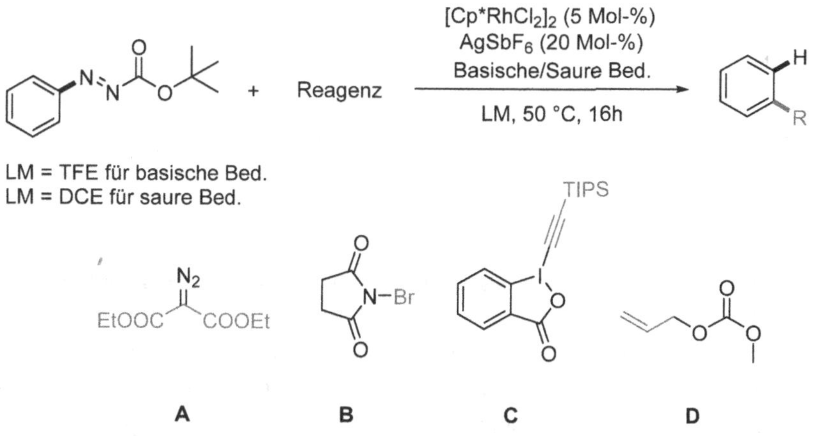

Schema 70: Anwendungsbereich für Diazen-Carboxylate als Traceless Directing Groups.

In dieser Arbeit konnte gezeigt werden, dass Diazen-Carboxylate als dirigierende Gruppe deutliche Vorteile gegenüber den bisher bekannten Traceless Directing Groups besitzen (Kapitel 1.2), da diese sowohl saure als auch basische Bedingungen tolerieren und somit verschiedene Funktionalisierungsprotokolle angewendet werden können.

Für die weiterführende Forschung sind Selektivitätsstudien sowie die Optimierung der einzelnen Reaktionen für den Substratanwendungsbereich von großem Interesse.

4.2 Rh[III]-katalysierte C–H-Bindungsaktivierung für die Synthese von Cinnolin-Derivaten

Innerhalb der vorliegenden Arbeit konnte gezeigt werden, dass Diazen-Carboxylate zum Aufbau von Cinnolin-Derivaten genutzt werden können. Die seltene Kombination aus dirigierender Gruppe mit interner Abgangsgruppe machte einen direkten Zugang zu diesen neutralen Derivaten möglich. Somit konnte die Synthese von einem Heterocyclus erfolgreich durchgeführt werden, welche bisher über C–H-Bindungsaktivierung beschränkt zugänglich war.

Die gefundene Reaktion wurde zu den folgenden Bedingungen optimiert (Schema 71).

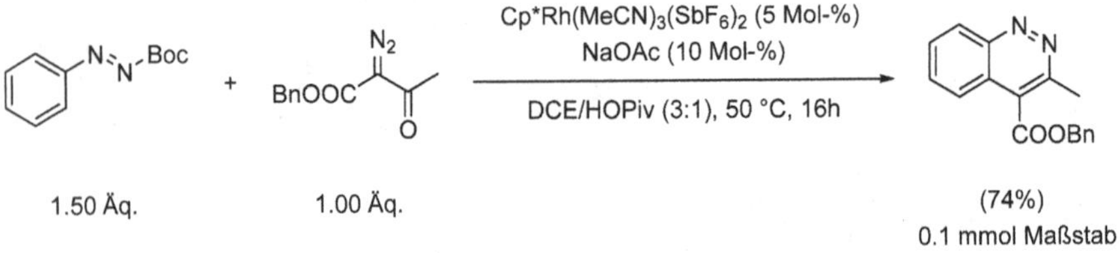

Schema 71: Optimierte Reaktionsbedingungen für die direkte Synthese von Cinnolin-Derivaten.

Schema 71 zeigt, dass in einem 0.1 mmol Maßstab eine isolierte Ausbeute von 74% unter den optimierten Reaktionsbedingungen erzielt werden konnte. Eine reproduzierbare Synthese in einem größeren Maßstab (0.4 mmol Maßstab) konnte im Rahmen dieser Arbeit nicht durchgeführt werden.

Die weitere Forschung wird die Optimierung der Reaktion fokussieren, um eine noch höhere isolierte Ausbeute zu erreichen. Außerdem ist die Betrachtung des Anwendungsbereichs in zukünftigen Arbeiten von Interesse. Dabei sollen sowohl verschieden substituierte Diazen-Carboxylate als auch verschiedene β-Carbonylester miteinander kombiniert werden.

4.3 Direkte SO$_2$-Insertion durch Rh^III-katalysierte C–H-Bindungsaktivierung mit DABSO als SO$_2$-Surrogat

In den durchgeführten Experimenten konnte gezeigt werden, dass eine SO$_2$-Insertion durch Rh^III-katalysierte C–H-Bindungsaktivierung möglich ist. Dabei ist die Synthese von Saccharin gelungen. Von dem gewünschten Saccharin-Produkt konnten leider nur Spuren in jeglichen Reaktionen festgestellt werden. Die Reaktionsoptimierung wurde zusätzlich gehindert, da reines Saccharin nicht über die GC-MS quantifizierbar ist. Mögliche Ein-Topf Derivatisierungsexperimente sowie quantitative Zwei-Stufen Derivatisierungsexperimente verliefen ebenfalls nicht erfolgreich. Zusätzlich war es nicht möglich durch andere Analysenmethoden (^{19}F-NMR, HPLC-MS) die Ausbeuten quantitativ zu bestätigen. Außerdem zeigte im Rahmen dieser Arbeit nur eine dirigierende Gruppe Reaktivität gegenüber DABSO. Der aus diesem Produkt resultierende Substratanwendungsbereich wäre zu gering, weshalb nicht weiter auf diesem Gebiet geforscht wurde.

4.4 Rh^III-katalysierte Trifluoromethylthiolierung

Ebenfalls konnte in dieser Arbeit gezeigt werden, dass durch Rh^III-katalysierte C–H-Bindungsaktivierung eine C–H-Funktionalisierung mit der SCF$_3$-Gruppe möglich ist. Als SCF$_3$-Übertragungsreagenz wurde in dieser Arbeit das literaturbekannte N-SCF$_3$-Phthalimid genutzt.[88] Dieses Reagenz weist eine verhältnismäßig hohe Stabilität und geringe Reaktivität auf, weshalb eine geeignete Methode für die Aktivierung des Phthalimids durch Pyridine entwickelt wurde. Anschließend wurde mit N-SCF$_3$-Phthalimid die Funktionalisierung von Phenylpyridin zu den folgenden Reaktionsbedingungen optimiert (Schema 72).

| 1.00 Äq. | 1.10 Äq. | | (57%) |

Schema 72: Optimierte Reaktionsbedingungen für die Funktionalisierung von Phenyl-pyridin mit N-SCF$_3$-Phthalimid.

Ziel der weiteren Forschung wird es sein, die Aktivierung von dem N-SCF$_3$-Phthalimid durch das Pyridin zu untersuchen, ebenso wie die weitere Reaktionsoptimierung. Darüber hinaus soll versucht werden andere SCF₃-Übertragungsreagenzien zu synthetisieren, um den Anwendungsbereich der Reaktion vergrößern zu können. Primär soll dabei die Synthese von dem N-SCF₃-Hydantoin fokussiert werden (Abbildung 8).

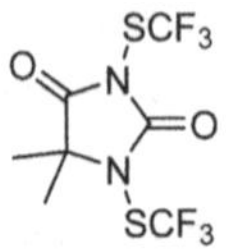

Abbildung 8: 5,5-Dimethyl-1,3-bis((trifluoromethyl)thio)imidazolidin-2,4-dion als neues möglichesSCF₃-Übertragungsreagenz.

Während dem Verfassen dieser Arbeit konnten bereits einige Fortschritte für die Synthese dieses Reagenzes (Abbildung 8) aus NDDH und AgSCF₃ oder CuSCF₃ erreicht werden. Dieses neue Reagenz konnte jedoch noch nicht isoliert und als Ansatz für weitere Arbeiten angewendet werden.

4.5 Rh^{III}-katalysierte Chlorierung von Arenen, Olefinen und Heteroaromaten

Durch die im Rahmen dieser Arbeit entdeckte Aktivierung von N-substituierten Phthalimiden durch Pyridine, wurde die bisher nicht durchführbare Chlorierung durch Rh^{III}-katalysierte C–H-Bindungsaktivierung von Arenen, Olefinen und Heterocyclen ermöglicht. Aufgrund des starken Einflusses der elektronischen Natur des Substrates auf den Ausgang der Reaktion (C–H-Aktivierungsprodukt gegenüber S$_E$Ar) wurden für diesen Reaktionstyp zwei verschieden reaktive Katalysatorsysteme entwickelt und optimiert. Diese beiden Systeme ermöglichen es unterschiedlich reaktive Substrate durch die Chlorierung zu funktionalisieren. So konnten elektronenarme sowie neutrale Substrate durch das reaktive Katalysatorsystem chloriert werden (Schema 73)

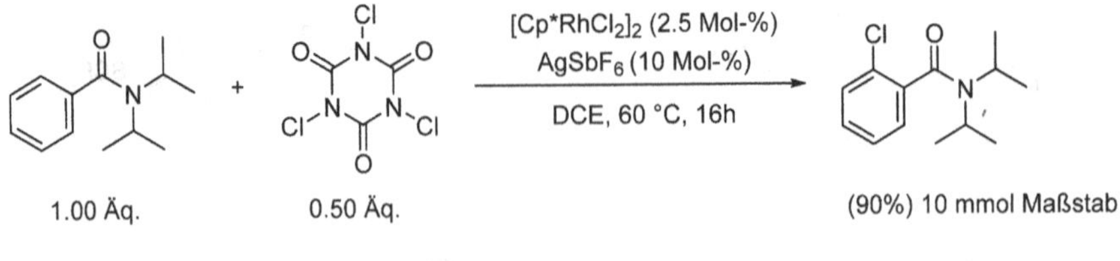

1.00 Äq.   0.50 Äq.   (90%) 10 mmol Maßstab

Schema 73: Katalysatorsystem für die Chlorierung von elektronenarmen Substraten.

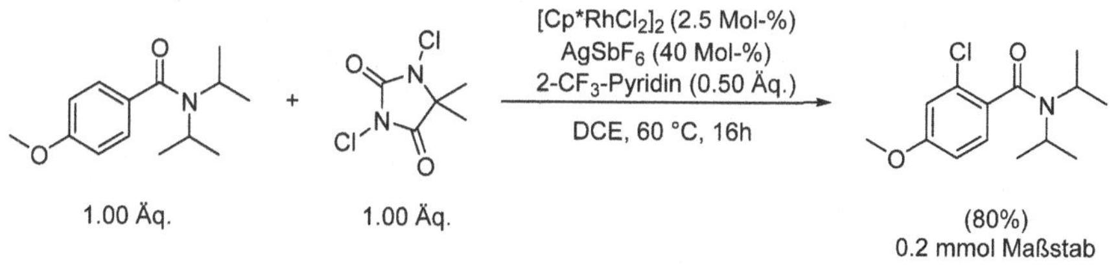

Schema 74: Katalysatorsystem für die Chlorierung von elektronenreichen Substraten.

Elektronenreiche Substrate konnten durch das weniger reaktive Katalysatorsystem (Schema 74) zu dem gewünschten Produkt umgesetzt werden. Besonders hervorzuheben ist bei diesem vor allem die Funktion des Pyridins zur Aktivierung des Chlor-Übertragungsreagenzes ähnlich zu der Arbeit mit dem *N*-SCF$_3$-Phthalimid.

Mit dem reaktiven Katalysatorsystem (Schema 73) konnten bereits einige elektronenarme Substrate in guten bis hin zu hervorragenden Ausbeuten isoliert werden. Die Anwendbarkeit des weniger reaktiven Katalysatorsystems (Schema 74) muss noch durch weitere Arbeiten geprüft werden. Darüber hinaus soll für die Chlorierung in zukünftigen Forschungen ein breiter Substratanwendungsbereich entwickelt und die Anwendbarkeit mit zwei verschiedenen Reaktionssystemen dargestellt werden.

5 Experimenteller Teil

5.1 Allgemeiner Teil

Arbeitstechniken und Reagenzien

Alle Reaktionen dieser Arbeit wurden in ausgeheizten, druckstabilen Reaktionsgefäßen unter Argon-Atmosphäre durchgeführt. Die in dieser Arbeit verwendeten Übergangsmetallkatalysatoren wurden in einer Glovebox aufbewahrt. Ausgenommen von diesen sind zum einen die verwendeten Co^{III}-Katalysatoren und zum anderen der kationische Rh^{III}-Katalysator. Die jeweiligen Katalysen wurden sofern nicht anders angegeben in einer 0.2M Konzentrations-Lösung angesetzt. Alle direkt vom Hersteller (Acros Organics, Sigma-Aldrich, Alfa Aesar, TCI Europe) erhaltenen Reagenzien wurden ohne weitere Aufreinigung direkt eingesetzt. Die selbst hergestellten Reagenzien wurden unter Argonatmosphäre und bei entsprechender Temperatur gelagert.

Trockene Lösungsmittel

Dichlormethan und Toluol wurden über CaH_2, THF über Na/Benzophenon getrocknet und unter einer Argon-Atmosphäre gelagert. Vor der Verwendung wurden sie jeweils frisch destilliert. Alle anderen in dieser Arbeit verwendeten Lösungsmittel wurden direkt „trocken" vom Hersteller bezogen und über Molekularsieb unter Argon-Atmosphäre aufbewahrt.

Säulenchromatographie

Für die säulenchromatographische Aufreinigung wurde Kieselgel von Acros mit einer Korngröße von 35-70 µm verwendet. Die eingesetzten technischen Lösungsmittel (Pentan, Dichlormethan und Ethylacetat) wurden vor Verwendung durch Destillation von ihren Verunreinigungen getrennt.

Dünnschichtchromatographie (DC)

Die Reaktionsverläufe wurden mittels DC kontrolliert. Dabei wurden DC-Fertigfolien der Fa. Merck mit Kieselgel 60 F_{254} verwendet. Für die Visualisierung wurde eine UV-vis Lampe (λ = 254 nm) oder Kaliumpermanganat-Lösung genutzt.

Gaschromatographie-Massenspektrometrie (GC-MS)

Die GC-MS-Analysen wurden an einem Gerät der Fa. Agilent Technologies durchgeführt. Das System besteht aus einem GC 7890A, einem 5975 inert GC-MSD Mass Selective Detector und einer HP-5MS Säule (0.25 mm x 30 m, Film: 0.25 µm). Die jeweiligen verwendeten Messmethoden werden in dieser Arbeit durch die Starttemperatur T_0 und dem Temperaturgradienten in °C·min^{-1} angegeben. Die verwendete Standardmethode war: 50-40-4.8 (50 °C, Starttemperatur, 40 °C Temperaturintervall, 4.8 min Lösungsmitteldelay).

Kernresonanz-Spektroskopie (NMR)

Die in dieser Arbeit gemessenen NMR-Spektren wurden an den DPX-300, AV300 oder AV400 MHz Spektrometern der Fa. Bruker aufgenommen. Die chemischen Verschiebungen werden in δ = ppm angegeben. Alle Spektren wurden auf das jeweilige Lösungsmittelsignal kalibriert (Chloroform-d, CDCl$_3$, ^{1}H-NMR: 7.26 ppm, ^{13}C-NMR: 77.2 ppm; Methanol-d_4, MeOD-d_4, ^{1}H-NMR: 3.31 ppm, ^{13}C-NMR: 49.0 ppm; Dimethylsulfoxid-d_6, DMSO-d_6, ^{1}H-NMR: 2.50 ppm, ^{13}C-NMR: 39.5 ppm). Die jeweiligen Kopplungskonstanten (J) werden in Hertz (Hz) angeben. Die Auswertung erfolgte durch die Software MestReNova der Fa. Mestrelab Research S.L.

Infrarotspektroskopie (IR)

Die Infrarotspektroskopie wurde mit den Reinsubstanzen an einem FT-IR 3100 Excalibur Series der Fa. Varian Associated durchgeführt. Dabei wurde eine Golden State Single Reflection ATR-Einheit (ATR) der Fa. Specac Ltd. genutzt. Mit dem Programm Resolution Pro der Fa. Varian Associated wurden die erhaltenen Daten ausgewertet.

Massenspektrometrie

Die exakten Massenbestimmungen durch Electronen-Spray-Ionisation (ESI) wurden an einem MicroTof mit Schleifeneinlass der Fa. Bruker Daltonics vorgenommen.

5.2 Substratsynthese und Katalysen

5.2.1 *Tert*-butyl-2-phenylhydrazin-1-carboxylat

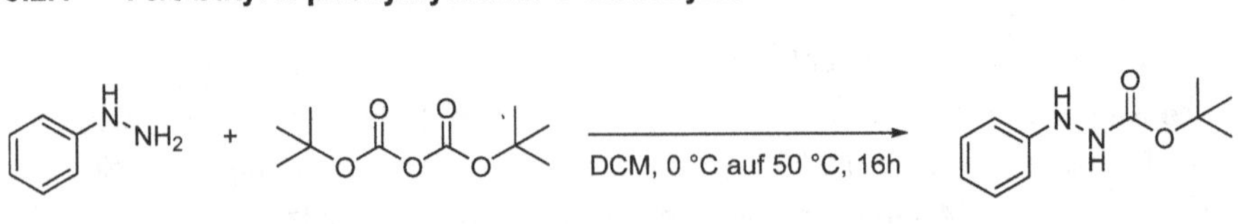

Schema 75: Synthese von *Tert*-butyl-2-phenylhydrazin-1-carboxylat.

Phenylhydrazin (2.46 mL, 25.0 mmol, 1.00 Äq.) wurde in Dichlormethan (25.0 mL) gelöst. Die resultierende gelbe Reaktionslösung wurde auf 0 °C gekühlt und mit einer Lösung aus Boc-Anhydrid (5.45 g, 25.0 mmol, 1.00 Äq.) in Dichlormethan (5 mL) versetzt. Anschließend wurde die Reaktionslösung 16 Stunden bei 50 °C gerührt.

Nach dem Entfernen des Lösungsmittels bei vermindertem Druck wurde der Rückstand an Kieselgel adsorbiert und das Produkt nach säulenchromatographischer Aufreinigung (PE/EtOAc 10:1) als oranger Feststoff erhalten (2.42 g, 11.6 mmol, 47%). Das Produkt wurde sofort weiter umgesetzt.

^{1}H-NMR (Chloroform-d) δ (ppm): 7.27 – 7.25 (m, 1H), 7.24 – 7.19 (m, 1H), 6.93 – 6.80 (m, 3H), 1.45 (s, 9H).

^{13}C-NMR (Chloroform-d) δ (ppm): 156.4, 148.5, 129.1, 120.7, 113.0, 28.3.

Die analytischen Daten entsprechen den literaturbekannten Daten.[92]

5.2.2 Tert-butyl-(E)-2-phenyldiazen-1-carboxylat

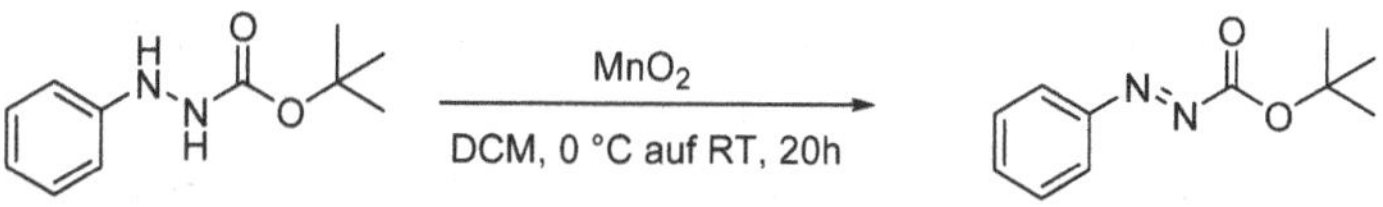

Schema 76: Synthese von Tert-butyl-(E)-2-phenyldiazen-1-carboxylat.

Tert-butyl-2-phenylhydrazin-1-carboxylat (2.00 g, 9.60 mmol, 1.00 Äq.) wurde in Dichlormethan (15.0 mL) gelöst und die resultierende Lösung auf 0 °C gekühlt. Aktiviertes MnO$_2$ (4.20 g, 48.0 mmol, 5.00 Äq.) wurde portionsweise zu der Lösung hinzugegeben, sodass eine schwarze Suspension entstand. Die Reaktionslösung wurde auf Raumtemperatur erwärmt und weitere 20 Stunden gerührt. Die Suspension wurde über Celite filtriert, mit Dichlormethan (2x 15 mL) gewaschen und schließlich das Lösungsmittel am Rotationsverdampfer bei vermindertem Druck entfernt. Der verbleibende Rückstand wurde an Kieselgel adsorbiert und nach säulenchromatographischer Aufreinigung (PE/EtOAc 20:1) wurde das Produkt als orange Flüssigkeit erhalten (1.50 g, 7.27 mmol, 76%). Das Produkt wurde im Tiefkühlschrank aufbewahrt.

^{1}H-NMR (Chloroform-d) δ (ppm): 7.94 – 7.87 (m, 2H), 7.58 – 7.47 (m, 3H), 1.66 (s, 9H).

^{13}C-NMR (Chloroform-d) δ (ppm): 161.2, 151.6, 133.4, 129.2, 123.6, 85.0, 27.9.

Die analytischen Daten entsprechen den literaturbekannten Daten.[50],[93]

5.2.3   Benzyl-3-oxobutanoat

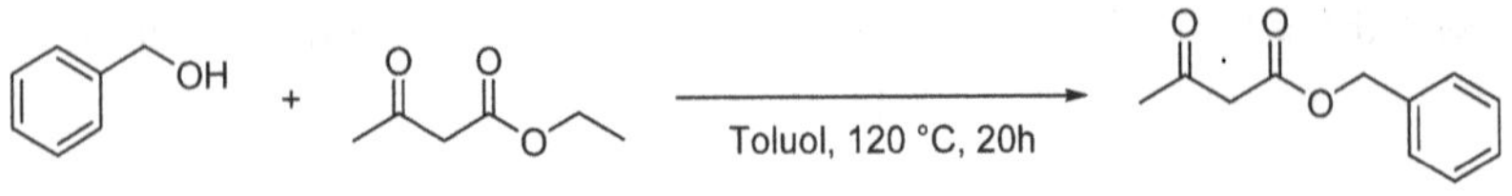

Schema 77: Synthese von Benzyl-3-oxobutanoat.

Ethylacetoactetat (5.00 mL, 40.0 mmol, 1.00 Äq.) und Benzylalkohol (5.00 mL, 48.0 mmol, 1.20 Äq.) wurden in Toluol (100 mL) gelöst. Die Reaktionslösung wurde für 20 Stunden auf 120 °C erhitzt. Nach dem Entfernen des Lösungsmittels bei vermindertem Druck wurde der flüssige Rückstand via Kugelrohr-Destillation (0.05 mbar, 130 °C) aufgereinigt. Das Produkt wurde als farblose Flüssigkeit isoliert (3.11 g, 16.2 mmol, 41%).

¹H-NMR (Chloroform-*d*) δ (ppm): 7.38 – 7.34 (m, 5H), 5.18 (s, 2H), 3.50 (s, 2H), 2.25 (s, 3H).

¹³C-NMR (Chloroform-*d*) δ (ppm): 200.5, 167.0, 135.3, 128.7, 128.6, 128.5, 67.2, 50.1, 30.3.

Die analytischen Daten entsprechen den literaturbekannten Daten.[94]

5.2.4   Allgemeine Synthesevorschrift für die Darstellung von Diazoverbindungen

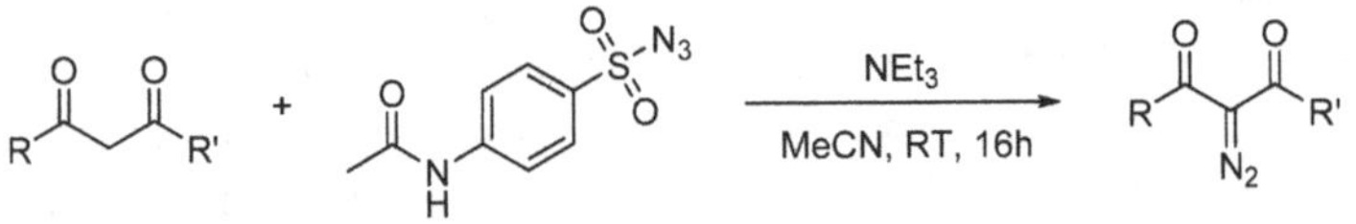

Schema 78: Allgemeine Synthesevorschrift für die Darstellung von Diazoverbindungen.

Der jeweilige β-Carbonylester (1.00 Äq.) wurde in MeCN (43.0 mL) gelöst und langsam mit Triethylamin (1.10 Äq.) versetzt. Zu der resultierenden Reaktionslösung wurde 4-Acetamidobenzenesulfonylazid (1.10 Äq.) zugegeben und diese bei Raumtemperatur für weitere 16 Stunden gerührt. Die entstandene Suspension wurde über Celite filtriert und mit MeCN (2x 15 mL) gewaschen. Das Lösungsmittel wurde bei vermindertem Druck entfernt und der Rückstand in Dichlormethan/Wasser (1:1 100 mL) aufgenommen. Die wässrige Phase wurde mit Dichlormethan extrahiert (2x 50 mL). Die vereinten organischen Phasen wurde über Na₂SO₄ getrocknet und das Lösungsmittel bei vermindertem Druck entfernt. Der Rückstand wurde an Kieselgel adsorbiert und das Produkt säulenchromatographisch gereinigt.

5.2.5 Diethyl-2-diazomalonat

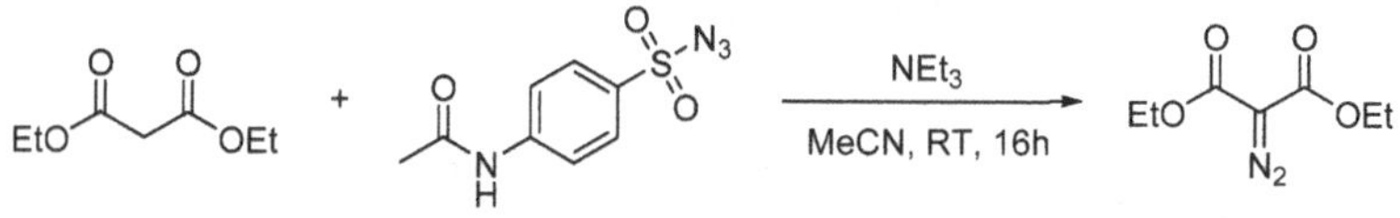

Schema 79: Synthese von Diethyl-2-diazomalonat.

Analog zu Vorschrift 5.2.4 wurde Diethylmalonat (2.80 mL, 19.0 mmol, 1.00 Äq.) in MeCN (43.0 mL) gelöst, Triethylamin (2.91 mL, 21.0 mmol, 1.10 Äq.) langsam zu der Lösung hinzugetropft und das Reaktionsgemisch schließlich mit 4-Acetamido-benzenesulfonylazid (5.02 g, 21.0 mmol, 1.10 Äq.) versetzt. Das Produkt wurde nach säulenchromatographischer Aufreinigung (PE/EtOAc 1:1) als gelbe Flüssigkeit erhalten (3.25 g, 17.5 mmol, 92%) und im Tiefkühlschrank gelagert.

^{1}H-NMR (Chloroform-*d*) δ (ppm): 4.28 (q, *J* = 7.1 Hz, 4H), 1.29 (t, *J* = 7.1 Hz, 6H).

^{13}C-NMR (Chloroform-*d*) δ (ppm): 161.1, 61.7, 14.4.

Die analytischen Daten entsprechen den literaturbekannten Daten.[95],[78]

5.2.6 Methyl-2-diazo-3-oxobutanoat

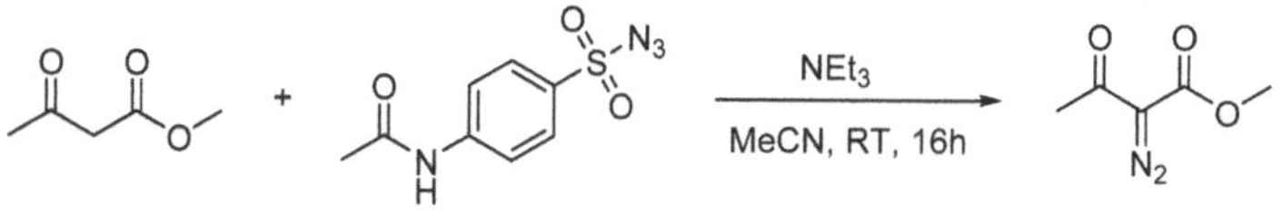

Schema 80: Synthese von Methyl-2-diazo-3-oxobutanoat.

Analog zu der Vorschrift 5.2.4 wurde Methyl-3-oxobutanoat (2.05 mL, 19.0 mmol, 1.00 Äq.) in MeCN (53.0 mL) gelöst, Triethylamin (2.91 mL, 21.0 mmol, 1.10 Äq.) langsam zu der Lösung hinzugetropft und das Reaktionsgemisch schließlich mit 4-Acetamidobenzenesulfonylazid (5.02 g, 21.0 mmol, 1.10 Äq.) versetzt. Das Produkt wurde nach säulenchromatographischer Aufreinigung (PE/EtOAc 3:1) als gelbe Flüssigkeit erhalten (2.34 g, 16.5 mmol, 87%) und im Tiefkühlschrank aufbewahrt.

¹H-NMR (Chloroform-*d*) δ (ppm): 3.83 (s, 3H), 2.47 (s, 3H).

¹³C-NMR (Chloroform-*d*) δ (ppm): 190.2, 162.0, 52.4, 28.4.

Die analytischen Daten entsprechen den literaturbekannten Daten. [78],[96]

5.2.7   Benzyl-2-diazo-3-oxobutanoat

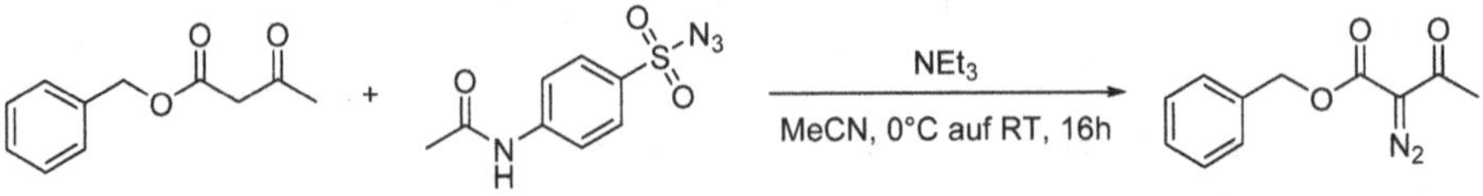

Schema 81: Synthese von Benzyl-2-diazo-3-oxobutanoat.

Analog zu von 5.2.4 wurde in einer modifizierten Vorschrift Benzyl-3-oxobutanoat (1.92 mL, 10.0 mmol, 1.00 Äq.) in MeCN (75.0 mL) gelöst und Triethylamin (2.10 mL, 15.0 mmol, 1.15 Äq.) langsam zu der Lösung hinzugetropft. Diese Reaktionslösung wurde auf 0 °C gekühlt und mit 4-Acetamidobenzenesulfonylazid (2.90 g, 12.0 mmol, 1.20 Äq.) versetzt. Das Produkt wurde nach säulenchromatographischer Aufreinigung (PE/EtOAc 2:1) als gelber Feststoff erhalten (2.10 g, 9.60 mmol, 96%) und im Tiefkühlschrank aufbewahrt.

¹H-NMR (Chloroform-*d*) δ (ppm): 7.43 – 7.33 (m, 5H), 5.27 (s, 2H), 2.49 (s, 3H).

¹³C-NMR (Chloroform-*d*) δ (ppm): 190.2, 161.4, 135.3, 128.9, 128.8, 128.5, 67.1, 28.5.

Die analytischen Daten entsprechen den literaturbekannten Daten.[79],[97]

5.2.8   (1I4,4I4-Diazabicyclo[2.2.2]octan-1,4-diyl)bis(I5-sulfanedion) [DABSO]

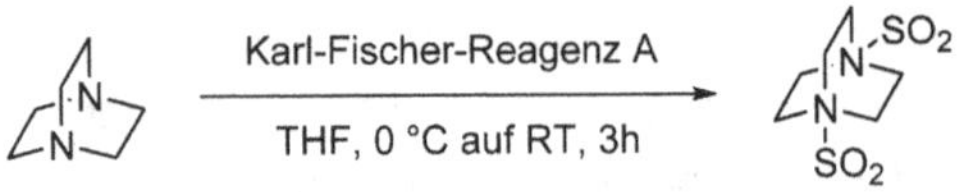

Schema 82: Synthese von (1I4,4I4-Diazabicyclo[2.2.2]octan-1,4-diyl)bis(I5-sulfanedion) [DABSO].

In einem ausgeheizten Schlenkkolben wurde DABCO (7.50 g, 67.0 mmol, 1.00 Äq.) vorgelegt und über Nacht am Hochvakuum getrocknet. Der Feststoff wurde in THF (90.0 mL) gelöst und die resultierende Reaktionslösung auf 0 °C herunter gekühlt. Das Karl-Fischer-Reagenz A (60.0 mL, 140-187 mmol, 2.09-2.80 Äq.) wurde innerhalb von 30 Minuten zu der Reaktionslösung hinzugetropft und die erhaltene Suspension noch weitere 30 Minuten bei 0 °C gerührt. Die Suspension wurde auf Raumtemperatur erwärmt und 3 Stunden gerührt. Anschließend wurde die Suspension filtriert und der Filterkuchen mit Et_2O gewaschen (3x 80 mL). Der erhaltene Feststoff wurde in Et_2O (90 mL) aufgenommen und erneut filtriert, sodass das Produkt ohne weitere Aufreinigung isoliert wurde (12.7 g, 53.0 mmol, 79%).

^{1}H-NMR (Methanol-*d*$_4$) *δ* (ppm): 3.18 (s, 12H).

^{13}C-NMR (Methanol-*d*$_4$) *δ* (ppm): δ 45.5.

Die analytischen Daten entsprechen den literaturbekannten Daten.[82]

5.2.9 2-Methylbenzo[*d*]isothiazol-3(2*H*)-on-1,1-dioxid

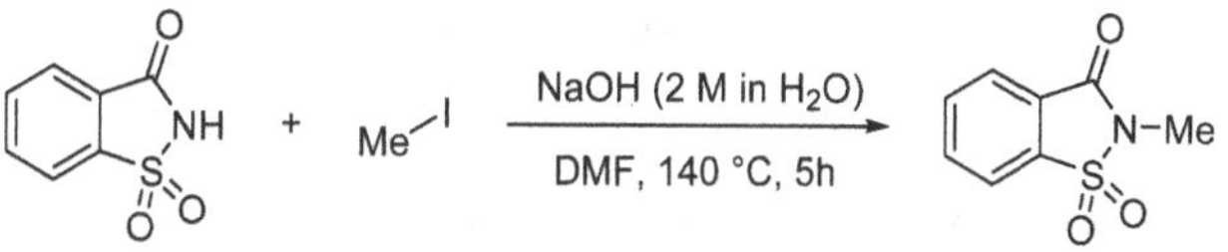

Schema 83: Synthese von 2-Methylbenzo[*d*]isothiazol-3(2*H*)-on-1,1-dioxid.

Zu einer Lösung von Saccharin (18.3 mg, 0.10 mmol, 1.00 Äq.) in DMF (0.50 mL) wurde langsam eine NaOH-Lösung (100 µL, 2 M in H_2O) getropft. Nach 5 Minuten wurde Methyliodid (31,0 µL, 0.50 mmol, 5.00 Äq.) hinzugegeben. Anschließend wurde die Reaktionslösung für 5 Stunden bei 140 °C gerührt. Nach Abkühlen wurde das Lösungsmittel am Rotationsverdampfer entfernt, der Rückstand in DCM aufgenommen und über Na_2SO_4 getrocknet. Das gewünschte Produkt wurde nach säulenchromatographischer Aufreinigung (PE/EtOAc 1:1) als weißer Feststoff isoliert (19.3 mg, 0.10 mmol, 98%).

^{1}H-NMR (DMSO-*d*$_6$) *δ* (ppm): 8.32 (d, *J* = 7.6 Hz, 1H), 8.14 – 8.08 (m, 1H), 8.02 (m, 2H), 3.17 (s, 3H).

^{13}C-NMR (DMSO-*d*$_6$) *δ* (ppm): 158.4, 136.7, 135.7, 135.3, 126.6, 125.0, 121.6, 23.1.

Die analytischen Daten entsprechen den literaturbekannten Daten.[98]

5.2.10 Kupfertrifluoromethylthionat

$$AgF + CS_2 + CuBr \xrightarrow[\text{MeCN, 80 °C, 16h}]{} CuSCF_3$$

Schema 84: Synthese von Kupfertrifluoromethylthionat.

In einem ausgeheizten Schlenkrohr wurde AgF (2.70 g, 21.5 mmol, 3.00 Äq.) unter Lichtausschluss über Nacht am Hochvakuum getrocknet. Anschließend wurde der Feststoff in MeCN (20.0 mL) aufgenommen. Die Suspension wurde mit Kohlenstoffdisulfid (3.00 mL, 50.0 mmol, 7.00 Äq.) versetzt und für 16 Stunden bei 80 °C gerührt. Nach dem Abkühlen auf Raumtemperatur wurde das überschüssige Kohlenstoffdisulfid bei vermindertem Druck entfernt (500 mbar) und die resultierende Suspension mit trockenem Kupfer(I)bromid (1.03 g, 7.20 mmol, 1.00 Äq.) versetzt. Das erhaltene Reaktionsgemisch wurde für eine Stunde bei 80 °C gerührt. Schließlich wurde die Suspension abfiltriert, mit MeCN (15 mL) gewaschen und nach Entfernen des Lösungsmittels bei vermindertem Druck am Hochvakuum getrocknet. Der erhaltene braun-weiße Feststoff wurde ohne weitere Aufreinigung direkt umgesetzt.

^{19}**F-NMR** (Acetonitrile-d_3) δ (ppm): -26.1.

Die analytischen Daten entsprechen den literaturbekannten Daten.[89]

5.2.11 2-((Trifluoromethyl)thio)isoindolin-1,3-dion

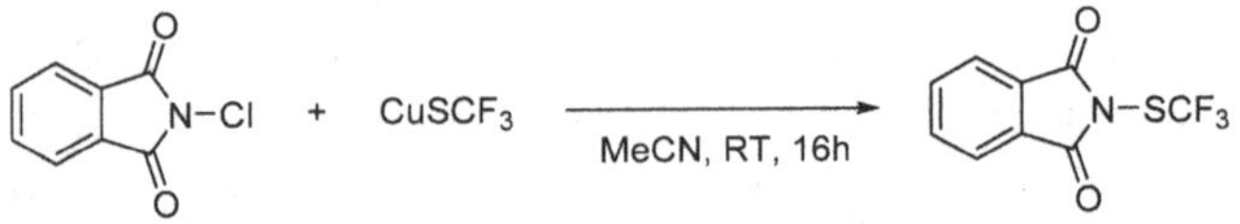

Schema 85: Synthese von 2-((Trifluoromethyl)thio)isoindolin-1,3-dion.

N-Chlorphthalimid wurde (0.46 g, 2.53 mmol, 1.00 Äq.) in getrocknetem Acetonitril (20.0 mL) vorgelegt und schließlich mit CuSCF$_3$ (0.50 g, 3.04 mmol, 1.20 Äq.) versetzt. Die resultierende Suspension wurde 16 Stunden bei Raumtemperatur gerührt. Anschließend wurde das Reaktionsgemisch über Celite filtriert und mit DCM (2x 30 mL) nachgewaschen. Das Lösungsmittel wurde bei vermindertem Druck entfernt und das Produkt nach säulenchromatographischer Aufreinigung (PE/EtOAc 4:1) als weißer Feststoff erhalten (0.49 g, 1.96 mmol, 78%).

^{1}**H-NMR** (Chloroform-*d*) δ (ppm): 8.08 – 7.96 (m, 2H), 7.93 – 7.83 (m, 2H).

^{13}**C-NMR** (Chloroform-*d*) δ (ppm): 166.4, 136.0, 132.0, 128.5 (q, *J* = 314.9 Hz), 125.3.

^{19}**F-NMR** (Chloroform-*d*) δ (ppm): -48.9.

Die analytischen Daten entsprechen den literaturbekannten Daten.[88]

5.2.12 1-((Trifluoromethyl)thio)pyrrolidin-2,5-dion

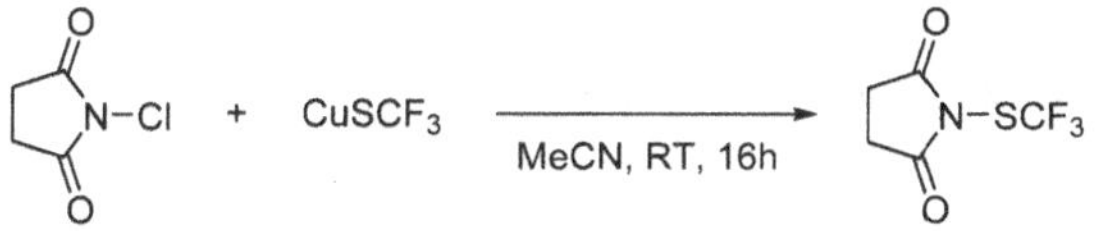

Schema 86: Synthese von 1-((Trifluoromethyl)thio)pyrrolidin-2,5-dion.

N-Chlorsuccinimid (0.34 g, 2.53 mmol, 1.00 Äq.) wurde in getrocknetem Acetonitril (20.0 mL) vorgelegt und mit CuSCF$_3$ (0.50 g, 3.04 mmol, 1.20 Äq.) versetzt. Die resultierende Suspension wurde 16 Stunden bei Raumtemperatur gerührt. Das Reaktionsgemisch wurde über Celite filtriert und mit DCM (2x 30 mL) gewaschen. Das Lösungsmittel wurde bei vermindertem Druck entfernt und das Produkt nach säulenchromatographischer Aufreinigung (PE/EtOAc 2:1) als weißer Feststoff erhalten (0.40 g, 2.03 mmol, 80%).

^{1}H-NMR (Chloroform-*d*) δ (ppm): 2.97 (s, 4H).

^{13}C-NMR (Chloroform-*d*) δ (ppm): 174.4, 28.5; (SCF$_3$-Kohlenstoff nicht analysierbar in diesem NMR).

^{19}F-NMR (Chloroform-*d*) δ (ppm): -47.9.

Die analytischen Daten entsprechen den literaturbekannten Daten.[61]

5.2.13 Allgemeine Synthesevorschrift zur Darstellung der *para*-substituierten Perfluoropyridine

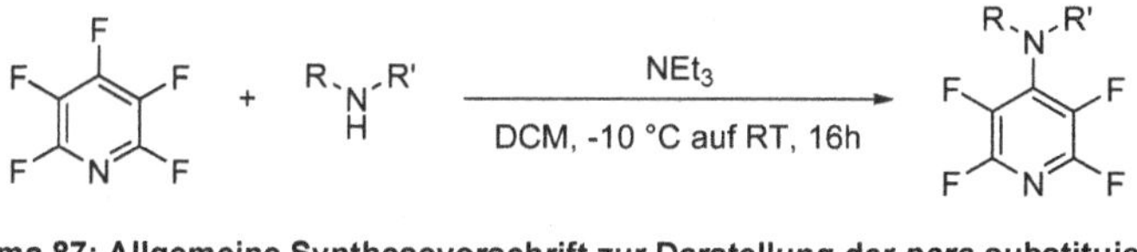

Schema 87: Allgemeine Synthesevorschrift zur Darstellung der *para*-substituierten Pyridine.

Pentafluoropyridin (110 µL, 1.00 mmol, 1.00 Äq.) und das korrespondierende sekundäre Amin (1.00 mmol, 1.00 Äq.) wurden in Dichlormethan (3.00 mL) vorgelegt. Die resultierende Lösung wurde auf -10 °C gekühlt und mit Triethylamin (347 µL, 2.50 mmol, 2.50 Äq.) versetzt. Nach Erwärmen der Lösung auf Raumtemperatur wurde das Reaktionsgemisch für weitere 16 Stunden gerührt. Die Reaktionslösung wurde in Wasser (10 mL) gegeben und die wässrige Phase mit Dichlormethan (3x 10 mL) extrahiert. Die organische Phase wurde über Na$_2$SO$_4$ getrocknet und das

Lösungsmittel bei vermindertem Druck entfernt. Das Produkt wurde nach säulen-chromatographischer Aufreinigung (PE/EtOAc) erhalten.

5.2.14   4-(Perfluoropyridin-4-yl)morpholin

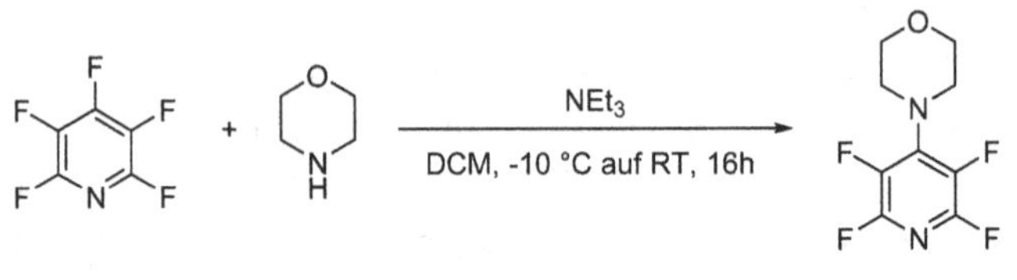

Schema 88: Synthese von 4-(Perfluoropyridin-4-yl)morpholin.

Analog zu Vorschrift 5.2.13 wurden Pentafluoropyridin (110 µL, 1.00 mmol, 1.00 Äq.) und Morpholin (87.1 µL, 1.00 mmol, 1.00 Äq.) umgesetzt. Das Produkt wurde nach säulenchromatographischer Aufreinigung (PE/EtOAc 5:1) als weißer Feststoff erhalten (198 mg, 0.84 mmol, 84%).

^{1}H-NMR (Chloroform-d) δ (ppm): 3.86 – 3.77 (m, 2H), 3.55 – 3.42 (m, 2H).

^{13}C-NMR (Chloroform-d) δ (ppm): 67.1, 50.6 (t, J = 4.7 Hz); (fluorierte Kohlenstoffatome nicht sichtbar in diesem NMR).

^{19}F-NMR (Chloroform-d) δ (ppm): -92.6, -154.3.

Die analytischen Daten entsprechen den literaturbekannten Daten.[90]

5.2.15   N1,N2-Dimethyl-N1,N2-bis(perfluoropyridin-4-yl)ethan-1,2-diamin

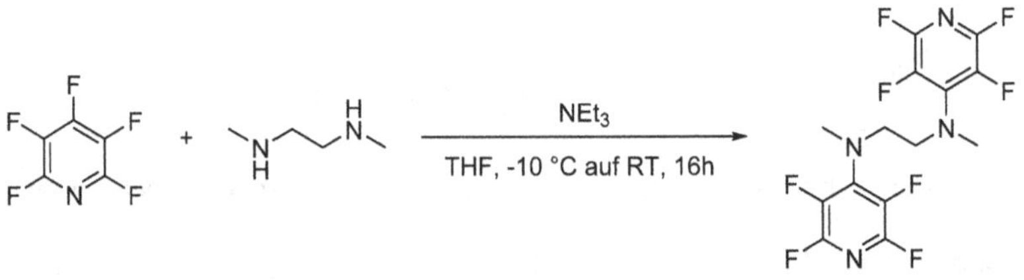

Schema 89: Synthese von N1,N2-Dimethyl-N1,N2-bis(perfluoropyridin-4-yl)ethan-1,2-diamin.

Analog zu Vorschrift 5.2.13 wurde in einem modifizierten Reaktionsprotokoll Pentafluoropyridin (220 µL, 2.00 mmol, 2.00 Äq.) und N,N-Dimethylethan-1,2-diamin (108 µL, 1.00 mmol, 1.00 Äq.) in THF (3.00 mL) vorgelegt. Die resultierende Lösung wurde auf -10 °C gekühlt und schließlich mit Triethylamin (554 µL, 4.00 mmol,

4.00 Äq.) versetzt. Das Produkt wurde nach säulenchromatographischer Aufreinigung (PE/EtOAc 6:1) als weißer Feststoff erhalten (302 mg, 0.78 mmol, 78%).

^{1}H-NMR (Chloroform-d) δ (ppm): 3.65 (s, 4H), 3.15 (t, J = 3.3 Hz, 6H).

^{13}C-NMR (Chloroform-d) δ (ppm): 52.7, 40.8 (t, J = 5.9 Hz); (fluorierte Kohlenstoffatome nicht sichtbar in diesem NMR).

^{19}F-NMR (Chloroform-d) δ (ppm): -92.8, -155.4.

Die analytischen Daten entsprechen den literaturbekannten Daten.[90]

5.2.16 2,3,5,6-Tetrafluoro-4-(piperidin-1-yl)pyridin

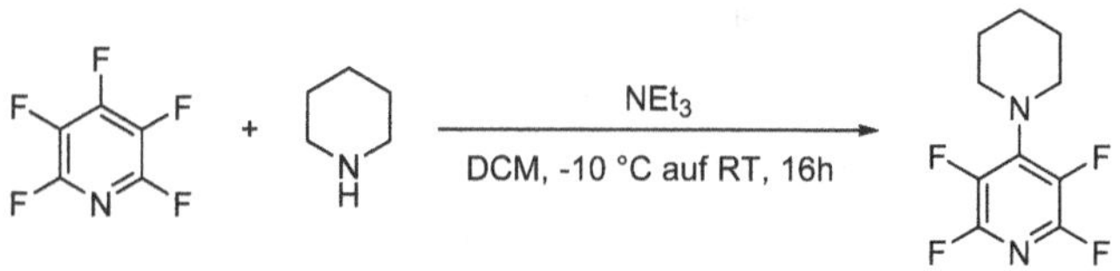

Schema 90: Synthese von 2,3,5,6-Tetrafluoro-4-(piperidin-1-yl)pyridin.

Analog zu Vorschrift 5.2.13 wurden Pentafluoropyridin (110 µL, 1.00 mmol, 1.00 Äq.) und Piperidin (99.1 µL, 1.00 mmol, 1.00 Äq.) umgesetzt. Das Produkt wurde nach säulenchromatographischer Aufreinigung (PE/EtOAc 8:1) als farblose leichtflüchtige Flüssigkeit erhalten (100 mg, 0.43 mmol, 43%).

^{1}H-NMR (Chloroform-d) δ (ppm): 3.50 – 3.32 (m, 4H), 1.78 – 1.57 (m, 6H).

^{13}C-NMR (Chloroform-d) δ (ppm): 51.6 (t, J = 4.9 Hz), 26.5, 24.1; (fluorierte Kohlenstoffatome nicht sichtbar in diesem NMR).

^{19}F-NMR (Chloroform-d) δ (ppm): -94.0, -154.9.

Die analytischen Daten entsprechen den literaturbekannten Daten.[90],[99]

5.2.17 *N,N*-Diethyl-2,3,5,6-tetrafluoropyridin-4-amin

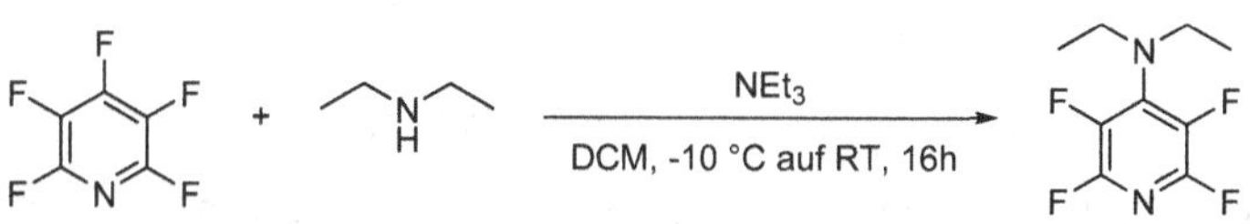

Schema 91: Synthese von *N,N*-Diethyl-2,3,5,6-tetrafluoropyridin-4-amin.

Analog zu Vorschrift 5.2.13 wurden Pentafluoropyridin (110 µL, 1.00 mmol, 1.00 Äq.) und Diethylamin (104 µL, 1.00 mmol, 1.00 Äq.) umgesetzt. Das Produkt wurde nach säulenchromatographischer Aufreinigung (PE/EtOAc 8:1) als farblose leichtflüchtige Flüssigkeit erhalten (79.1 mg, 0.36 mmol, 36%).

¹H-NMR (Chloroform-*d*) δ (ppm): 3.52 – 3.34 (m, 4H), 1.30 – 1.14 (m, 6H).

¹³C-NMR (Chloroform-*d*) δ (ppm): 46.7 (t, *J* = 5.1 Hz), 14.1 (t, *J* = 2.2 Hz); (fluorierte Kohlenstoffatome nicht sichtbar in diesem NMR).

¹⁹F-NMR (Chloroform-*d*) δ (ppm): -94.5, -156.2.

Die analytischen Daten entsprechen den literaturbekannten Daten.[90],[99]

5.2.18   *N,N*-Diisopropyl-4-methoxybenzamid

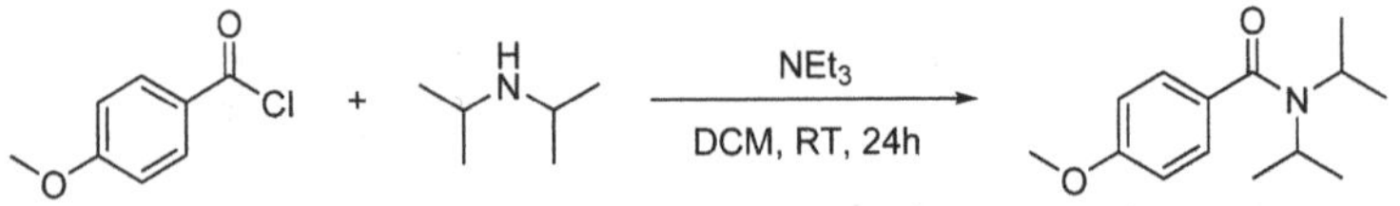

Schema 92: Darstellung von *N,N*-Diisopropyl-4-methoxybenzamid.

Zu einer Lösung von 4-Methoxybenzoylchlorid (1.54 mL, 11.0 mmol, 1.10 Äq.) in Dichlormethan (40.0 mL) wurde langsam Diisopropylamin (1.40 mL, 10.0 mmol, 1.00 Äq.) gegeben. Die Reaktionslösung wurde mit Triethylamin (1.74 mL, 13.0 mmol, 1.30 Äq.) versetzt und für weitere 24 Stunden bei Raumtemperatur gerührt. Anschließend wurde die Reaktionslösung mit Salzsäure (50 mL, 2 M in H_2O) neutralisiert und dann mit Wasser (2x 30 mL) und Brine (30 mL) extrahiert. Nach dem Trocknen über Na_2SO_4 wurde das Lösungsmittel bei vermindertem Druck entfernt und der Rückstand an Kieselgel adsorbiert. Mittels säulenchromatographischer Aufreinigung (PE/EtOAc 2:1) wurde das Produkt als farblose Flüssigkeit erhalten (2.27 g, 9.65 mmol, 96%).

¹H-NMR (Chloroform-*d*) δ (ppm): 7.26 – 7.16 (m, 2H), 6.85 – 6.76 (m, 2H), 3.75 (s, 3H), 3.65 (s, 2H), 1.27 (s, 12H).

¹³C-NMR (Chloroform-*d*) δ (ppm): 171.0, 159.9, 131.2, 127.5, 113.7, 55.3, 20.8.

Die analytischen Daten entsprechen den literaturbekannten Daten.[100],[101],[67]

5.2.19 Benzyl-6-methoxy-3-methylcinnolin-4-carboxylat

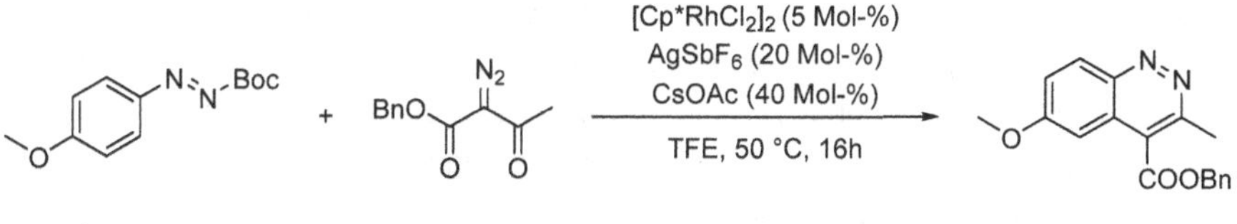

Schema 93: Darstellung von Benzyl-6-methoxy-3-methylcinnolin-4-carboxylat.

Tert-butyl-(*E*)-2-(4-methoxyphenyl)diazen-1-carboxylat (23.6 mg, 0.10 mmol, 1.00 Äq.) und Benzyl-2-diazo-3-oxobutanoat (24.0 mg, 0.11 mmol, 1.10 Äq.) wurden zunächst in ein ausgeheiztes, druckstabiles Reaktionsgefäß eingewogen. Anschließend wurden [Cp*RhCl$_2$]$_2$ (3.0 mg, 5 Mol-%), AgSbF$_6$ (7.2 mg, 20 Mol-%) und Cäsiumacetat (7.7 mg, 40 Mol-%) in der Glovebox eingewogen. Alle Feststoffe wurden in Trifluorethan (0.5 mL) gelöst und das Reaktionsgemisch weitere 16 Stunden bei 50 °C gerührt. Anschließend wurde das Reaktionsgemisch über Celite filtriert und mit Ethylactetat (10 mL) gewaschen. Das Lösungsmittel wurde bei vermindertem Druck entfernt und der verbleibende Rückstand an Kieselgel adsorbiert. Nach säulenchromatographischer Aufreinigung (PE/EtOAc 2:1) wurde das Produkt als gelber Feststoff erhalten (20.4 mg, 0.07 mmol, 66%).

R$_f$ (PE/EtOAc 5:1) = 0.11.

^{1}H-NMR (Chloroform-*d*) δ (ppm): 8.37 (d, *J* = 9.4 Hz, 1H), 7.57 – 7.49 (m, 2H), 7.47 – 7.34 (m, 4H), 6.89 (d, *J* = 2.6 Hz, 1H), 5.54 (s, 2H), 3.71 (s, 3H), 2.92 (s, 3H).

^{13}C-NMR (Chloroform-*d*) δ (ppm): 166.6, 162.3, 150.2, 147.0, 135.1, 132.1, 129.3, 129.1, 129.0, 124.9, 124.5, 123.4, 99.6, 68.0, 55.8, 20.9.

HR-MS (ESI): *m/z* berechnet: 331.1059 [C$_{18}$H$_{16}$N$_2$O$_3$Na]$^+$, gefunden 331.1056.

AFT-FTIR: ν = 3067, 2978, 2361, 2326, 1732, 1620, 1582, 1478, 1447, 1420, 1377, 1277, 1238, 1208, 1184, 1111, 1080, 1022, 999, 937, 903, 833, 737, 698, 683, 610.

5.2.20 Benzyl-3-methylcinnolin-4-carboxylat

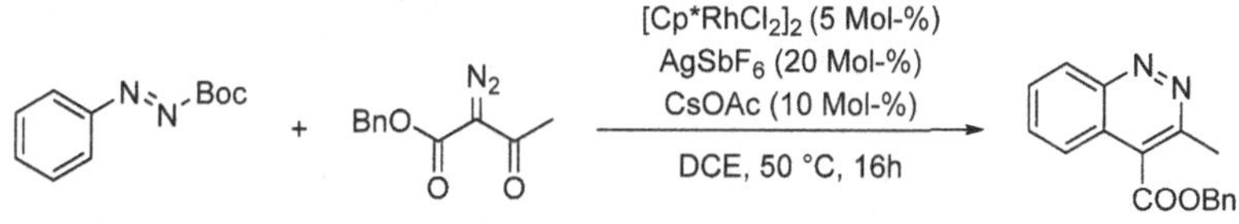

Schema 94: Darstellung von Benzyl-3-methylcinnolin-4-carboxylat.

Zunächst wurde Benzyl-2-diazo-3-oxobutanoat (96.0 mg, 0.44 mmol, 1.10 Äq.) in ein ausgeheiztes druckstabiles Reaktionsgefäß eingewogen. Anschließend wurden [Cp*RhCl$_2$]$_2$ (12.3 mg, 5 Mol-%), AgSbF$_6$ (27.5 mg, 10 Mol-%) und Cäsiumacetat (7.7 mg, 10 Mol-%) in der Glovebox eingewogen. Alle Feststoffe wurden in Dichlorethan (2.0 mL) gelöst und Tert-butyl-(E)-2-(phenyl)diazen-1-carboxylat (82.5 mg, 0.40 mmol, 1.00 Äq.) zu dem Reaktionsgemisch gegeben. Daraufhin wurde dieses weitere 16 Stunden bei 50 °C gerührt. Das Reaktionsgemisch wurde über Celite filtriert und mit Ethylactetat (30 mL) gewaschen. Das Lösungsmittel wurde bei vermindertem Druck entfernt und der verbleibende Rückstand an Kieselgel adsorbiert. Nach säulenchromatographischer Aufreinigung (PE/EtOAc 2:1) wurde das Produkt als gelbe Flüssigkeit erhalten (42.4 mg, 0.15 mmol, 38%).

R$_f$ (PE/EtOAc 5:1) = 0.20.

^{1}H-NMR (Chloroform-d) δ (ppm): 8.55 (d, J = 8.4 Hz, 1H), 7.88 – 7.69 (m, 3H), 7.53 – 7.37 (m, 5H), 5.54 (s, 2H), 2.95 (s, 3H).

^{13}C-NMR (Chloroform-d) δ (ppm): 166.3, 149.9, 149.3, 134.8, 132.6, 130.4, 130.2, 129.1, 129.0, 124.8, 123.7, 122. 5, 68.3, 20.8.

HR-MS (ESI): m/z berechnet: 301.0947 [C$_{17}$H$_{14}$N$_2$O$_2$Na]$^+$, gefunden 301.0952.

AFT-FTIR: ν = 3032, 2978, 2890, 1728, 1616, 1559, 1539, 1497, 1454, 1377, 1273, 1215, 1181, 1142, 1092, 1061, 1003, 945, 907, 856, 829, 768, 756, 698, 640, 609.

5.2.21 Methyl-3-methylcinnolin-4-carboxylat

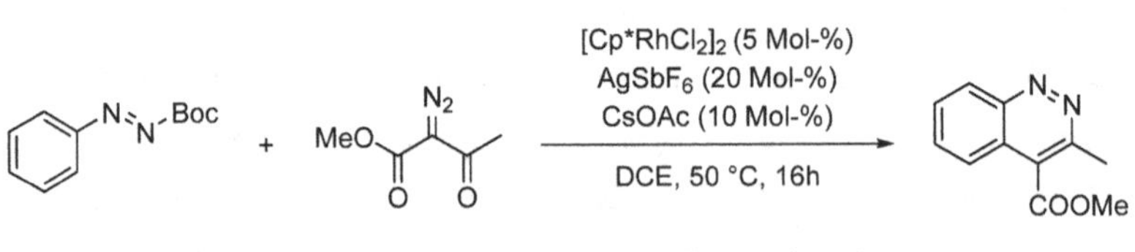

Schema 95: Darstellung von Methyl-3-methylcinnolin-4-carboxylat.

Zunächst wurden [Cp*RhCl$_2$]$_2$ (12.3 mg, 5 Mol-%), AgSbF$_6$ (27.5 mg, 10 Mol-%) und Cäsiumacetat (7.7 mg, 10 Mol-%) in der Glovebox eingewogen. Alle Feststoffe wurden in Dichlorethan (2.0 mL) gelöst und Tert-butyl-(E)-2-(phenyl)diazen-1-carboxylat (82.5 mg, 0.40 mmol, 1.00 Äq.), sowie Methyl-2-diazo-3-oxobutanoat (62.5 mg, 0.44 mmol, 1.10 Äq.) zu dem Reaktionsgemisch gegeben. Dieses wurde weitere 16 Stunden bei 50 °C gerührt. Anschließend wurde das Reaktionsgemisch über Celite filtriert und mit Ethylactetat (30 mL) gewaschen. Das Lösungsmittel wurde bei vermindertem Druck entfernt und der verbleibende Rückstand an Kieselgel adsorbiert. Nach säulenchromatographischer Aufreinigung (PE/EtOAc 2:1) wurde das Produkt als gelbe Flüssigkeit erhalten (27.0 mg, 0.13 mmol, 33%).

R_f (PE/EtOAc 5:1) = 0.24.

^{1}H-NMR (Chloroform-d) δ (ppm): 8.62 – 8.50 (m, 1H), 7.90 (dd, J = 8.6, 1.4 Hz, 1H), 7.85 – 7.72 (m, 2H), 4.09 (s, 3H), 3.00 (s, 3H).

^{13}C-NMR (Chloroform-d) δ (ppm): 167.0, 150.0, 149.4, 132.4, 130.4, 130.1, 124.5, 123.8, 122.3, 53.1, 21.0.

HR-MS (ESI): m/z berechnet: 225.0634 $[C_{11}H_{10}N_2O_2Na]^+$, gefunden 225.0632.

5.2.22   2-(2-((Trifluoromethyl)thio)phenyl)pyridin

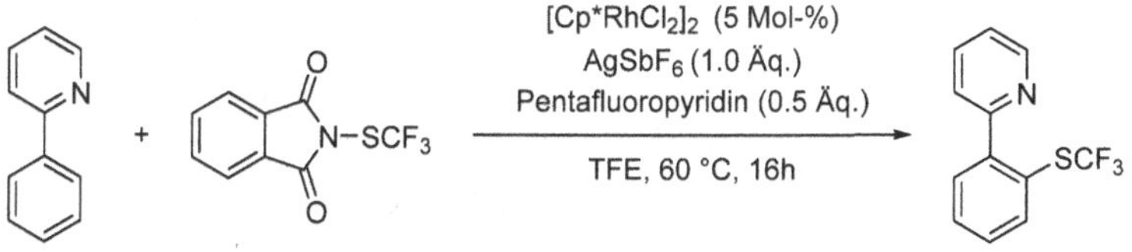

Schema 96: Darstellung von 2-(2-((Trifluoromethyl)thio)phenyl)pyridin.

2-((Trifluoromethyl)thio)isoindolin-1,3-dion (81.6 mg, 0.33 mmol, 1.10 Äq.) und 2-Phenylpyridin (42.9 µL, 0.30 mmol, 1.00 Äq.) wurden in ein ausgeheiztes druckstabiles Reaktionsgefäß eingewogen. Anschließend wurden [Cp*RhCl$_2$]$_2$ (9.3 mg, 5 Mol-%) und AgSbF$_6$ (103 mg, 0.30 mmol, 1.00 Äq.) in der Glovebox eingewogen. Alle Feststoffe wurden in Trifluoroethan (1.5 mL) gelöst und das Reaktionsgemisch 16 weitere Stunden bei 60 °C gerührt. Das Reaktionsgemisch wurde schließlich über Celite filtriert und mit Dichlormethan (30 mL) nachgewaschen. Die organische Phase wurde mit NaOH (20 mL, 2 M in H$_2$O), Wasser (2x 20 mL) und Brine (20 mL) extrahiert und über Na$_2$SO$_4$ getrocknet. Das Lösungsmittel wurde bei vermindertem Druck entfernt und der verbleibende Rückstand an Kieselgel adsorbiert. Nach säulenchromatographischer Aufreinigung (PE/EtOAc 5:1) wurde das Produkt als farblose leichtflüchtige Flüssigkeit erhalten (5.5 mg, 0.02 mmol, 5%).

Die geringe Ausbeute ist auf eine zweifache säulenchromatographische Aufreinigung sowie die Leichtflüchtigkeit des Produkts zurückzuführen. Eine Optimierung der Aufarbeitung ist im Rahmen dieser Arbeit noch nicht erfolgt. Aufgrund der geringen Ausbeute wurde das Produkt nur für die GC-Kalibration genutzt und keine weitere Analytik bis zur vollständigen Optimierung angefertigt.

R$_f$ (PE/EtOAc 5:1) = 0.42.

^{1}H-NMR (Chloroform-*d*) δ (ppm): 8.74 − 8.68 (m, 1H), 7.87 − 7.76 (m, 2H), 7.65 − 7.42 (m, 4H), 7.36 − 7.29 (m, 1H).

^{19}F-NMR (Chloroform-*d*) δ (ppm): -41.8.

AFT-FTIR: ν = 3063, 2978, 2928, 2890, 1732,1586, 1508, 1462, 1462, 1427, 1377, 1300, 1269, 1107, 1080, 1022, 991, 953, 891, 876, 795, 752, 718, 691, 617.

Die analytischen Daten entsprechen den literaturbekannten Daten.[57]

5.2.23 Allgemeine Synthesevorschrift für die Chlorierung von Arenen, Olefinen und Heteroaromaten.

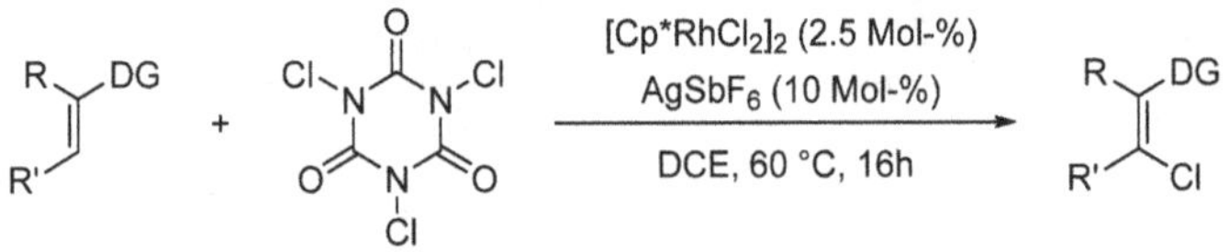

Schema 97: Allgemeine Synthesevorschrift für die Darstellung der chlorierten Arene, Olefine und Heteroaromaten.

Der jeweilige Reaktand (0.40 mmol, 1.00 Äq.) und Trichloroisocyanosäure (0.20 mmol, 0.50 Äq.) wurden in ein ausgeheiztes druckstabiles Reaktionsgefäß eingewogen. Anschließend wurde [Cp*RhCl$_2$]$_2$ (2.5 Mol-%) und AgSbF$_6$ (10 Mol-%) in der Glovebox eingewogen. Alle Feststoffe wurden in Dichlorethan (2.00 mL) gelöst und das Reaktionsgemisch weitere 16 Stunden bei 60 °C gerührt. Dieses wurde über Celite filtriert und mit Ethylactetat (20 mL) gewaschen. Das Lösungsmittel wurde bei vermindertem Druck entfernt und der verbleibende Rückstand an Kieselgel adsorbiert. Nach säulenchromatographischer Aufreinigung (PE/EtOAc) wurde das Produkt erhalten.

5.2.24 2-Chloro-*N*,*N*-diisopropylbenzamid

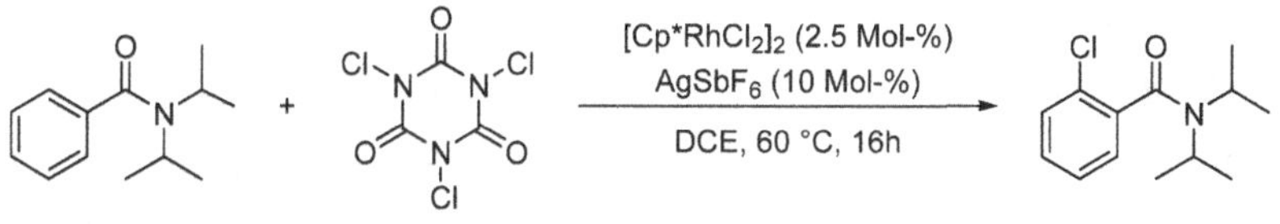

Schema 98: Darstellung von 2-Chloro-*N*,*N*-diisopropylbenzamid.

Analog zu Vorschrift 5.2.23 wurde *N*,*N*-Diisopropylbenzamid (10.0 mmol, 1.00 Äq.) mit Trichloroisocyanosäure (5.00 mmol, 0.50 Äq.) umgesetzt. Nach säulenchromatographischer Aufreinigung (PE/EtOAc 9:1) wurde das Produkt als weißer Feststoff erhalten (2.16 mg, 9.01 mmol, 90%).

R$_f$ (PE/EtOAc 5:1) = 0.32.

^{1}H-NMR (Chloroform-*d*) δ (ppm): 7.39 – 7.36 (m, 1H), 7.26 (dd, *J* = 5.8, 3.4 Hz, 2H), 7.19 (dd, *J* = 5.7, 3.4 Hz, 1H), 3.60 (h, *J* = 6.7 Hz, 1H), 3.52 (h, *J* = 6.8 Hz, 1H), 1.56 (t, *J* = 6.5 Hz, 6H), 1.21 (d, *J* = 6.7 Hz, 3H), 1.06 (d, *J* = 6.7 Hz, 3H).

^{13}C-NMR (Chloroform-*d*) δ (ppm): 167.5, 138.2, 130.2 129.8, 129.4, 127.1, 126.8, 51.2, 46.1, 20.9, 20.8, 20.7, 20.3.

HR-MS (ESI): *m/z* berechnet: 262.0969 [C$_{13}$H$_{18}$NOClNa]$^+$, gefunden 262.0982.

AFT-FTIR: ν = 2990, 2967, 2932, 2874, 1624, 1589, 1566, 1508, 1474, 1439, 1373, 1339, 1265, 1211, 1184, 1154, 1130, 1103, 1053, 1030, 953, 918, 880, 841, 775, 756, 741, 710, 660, 613.

Die analytischen Daten entsprechen den literaturbekannten Daten.[102]

5.2.25 2,4-Dichloro-*N*,*N*-diisopropylbenzamid.

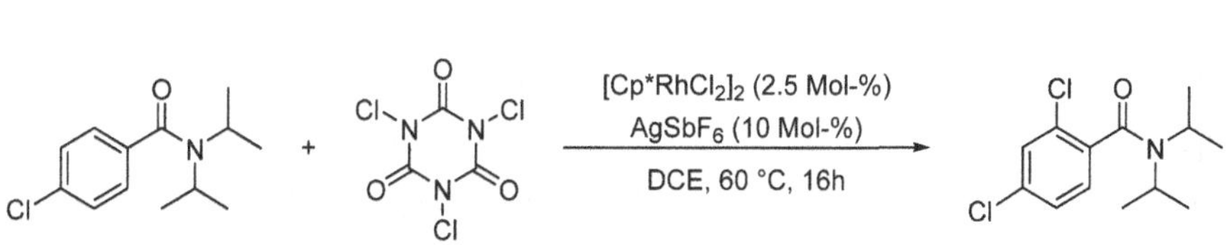

Schema 99: Darstellung von 2,4-Dichloro-*N*,*N*-diisopropylbenzamid.

Analog zu Vorschrift 5.2.23 wurde *para*-Chlorodiisopropylbenzamid (0.40 mmol, 1.00 Äq.) mit Trichloroisocyanosäure (0.20 mmol, 0.50 Äq.) umgesetzt. Nach säulenchromatographischer Aufreinigung (PE/EtOAc 3:1) wurde das Produkt als weißer Feststoff erhalten (57.2 mg, 0,21 mmol, 53%).

R_f (PE/EtOAc 5:1) = 0.38.

^{1}H-NMR (Chloroform-*d*) δ (ppm): 7.40 (d, *J* = 1.9 Hz, 1H), 7.29 – 7.25 (m, 1H), 7.14 (d, *J* = 8.1 Hz, 1H), 3.65 – 3.42 (m, 2H), 1.55 (dd, *J* = 6.8, 2.6 Hz, 6H), 1.21 (d, *J* = 6.7 Hz, 3H), 1.07 (d, *J* = 6.7 Hz, 3H).

^{13}C-NMR (Chloroform-*d*) δ (ppm): 166.4, 136.5, 134.5, 131.0, 129.6, 127.5, 127.5, 51.2, 46.1, 20.8, 20.6, 20.1.

HR-MS (ESI): *m/z* berechnet: 296.0579 $[C_{13}H_{17}NOCl_2Na]^+$, gefunden 296.0590.

AFT-FTIR: ν = 3001, 2978, 2932, 2874, 2361, 2322, 1628, 1589, 1520, 1474, 1439, 1370, 1339, 1254, 1215, 1188, 1157, 1138, 1103, 1053, 1034, 1015, 918, 849, 822, 787, 760, 729, 671, 625.

5.2.26   4-Bromo-2-chloro-*N,N*-diisopropylbenzamid

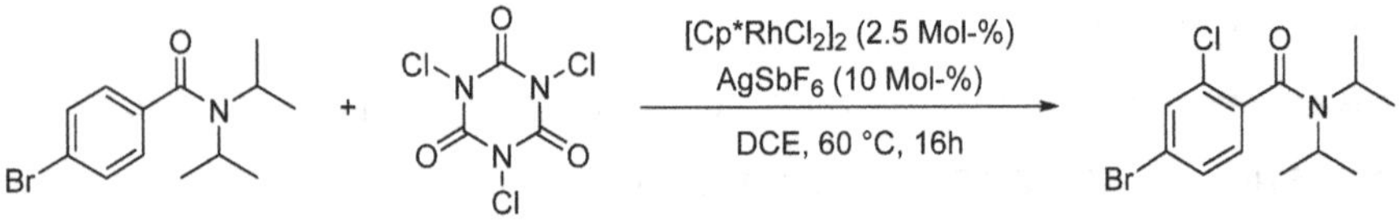

Schema 100: Darstellung von 4-Bromo-2-chloro-*N,N*-diisopropylbenzamid.

Analog zu Vorschrift 5.2.23 wurde *para*-Bromodiisopropylbenzamid (0.40 mmol, 1.00 Äq.) mit Trichloroisocyanosäure (0.20 mmol, 0.50 Äq.) umgesetzt. Nach säulenchromatographischer Aufreinigung (PE/EtOAc 6:1) wurde das Produkt als weißer Feststoff erhalten (121 mg, 0,38 mmol, 95%).

R_f (PE/EtOAc 5:1) = 0.41.

^{1}H-NMR (Chloroform-*d*) δ (ppm): 7.55 (d, *J* = 1.8 Hz, 1H), 7.41 (dd, *J* = 8.1, 1.9 Hz, 1H), 7.07 (d, *J* = 8.1 Hz, 1H), 3.53 (dhept, *J* = 13.7, 6.8 Hz, 2H), 1.54 (dd, *J* = 6.8, 2.5 Hz, 6H), 1.20 (d, *J* = 6.7 Hz, 3H), 1.06 (d, *J* = 6.7 Hz, 3H).

^{13}C-NMR (Chloroform-*d*) δ (ppm): 166.4, 136.9, 132.3, 131.1, 130.3, 127.8, 122.2, 51.2, 46.1, 20.8, 20.6, 20.1.

HR-MS (ESI): *m/z* berechnet: 340.0074 $[C_{13}H_{17}NOBrClNa]^+$, gefunden 340.0087.

AFT-FTIR: v = 3001, 2978, 2936, 2874, 1628, 1586, 1555, 1508, 1474, 1439, 1370, 1339, 1250, 1211, 1192, 1157, 1134, 1107, 1080, 1053, 1034, 949, 914, 860, 845, 818, 768, 725, 667, 621.

5.2.27 3-Chloro-*N,N*-diisopropyl-4-methoxybenzamid

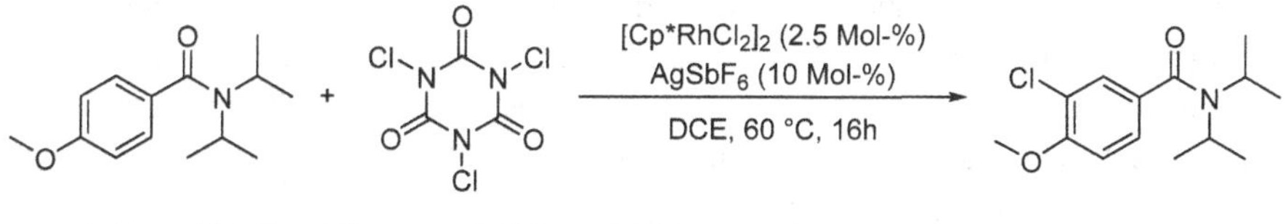

Schema 101: Darstellung von 3-Chloro-*N,N*-diisopropyl-4-methoxybenzamid.

Analog zu Vorschrift 5.2.23 wurde *para*-Methoxydiisopropylbenzamid (0.40 mmol, 1.00 Äq.) mit Trichloroisocyanosäure (0.20 mmol, 0.50 Äq.) umgesetzt. Nach säulen-chromatographischer Aufreinigung (PE/EtOAc 4:1) wurde das Produkt der elektrophilen aromatischen Susbstitution als farbloses Öl erhalten (82.3 mg, 0,31 mmol, 76%).

R$_f$ (PE/EtOAc 5:1) = 0.14.

^{1}H-NMR (Chloroform-*d*) δ (ppm): 7.33 (d, *J* = 2.0 Hz, 1H), 7.18 (dd, *J* = 8.4, 2.1 Hz, 1H), 6.90 (d, *J* = 8.4 Hz, 1H), 3.89 (s, 3H), 3.76 – 3.60 (m, 2H), 1.31 (s, 12H).

^{13}C-NMR (Chloroform-*d*) δ (ppm): 169.5, 155.4, 132.1, 128.1, 125.6, 122.5, 111.8, 56.3, 20.8.

HR-MS (ESI): *m/z* berechnet: 292.1075 $[C_{14}H_{20}NO_2ClNa]^+$, gefunden 292.1079.

AFT-FTIR: v = 2971, 2932, 2932, 2874, 1624, 1605, 1505, 1435, 1370, 1335, 1292, 1269, 1254, 1215, 1188, 1157, 1138, 1103, 1065, 1034, 1022, 887, 841, 822, 795, 764, 725, 698, 602.

5.2.28 2-Chloro-*N,N*-diisopropyl-4-methoxybenzamid

Schema 102: Darstellung von 2-Chloro-*N,N*-diisopropyl-4-methoxybenzamid.

Zunächst wurden *para*-Methoxydiisopropylbenzamid (47.1 mg, 0.20 mmol, 1.00 Äq.) und 1,3-Dichloro-5,5-dimethylhydantoin (39.4 mg, 0.20 mmol, 1.00 Äq.) in ein ausgeheiztes druckstabiles Reaktionsgefäß eingewogen. Anschließend wurden [Cp*RhCl$_2$]$_2$ (5 Mol-%) und AgSbF$_6$ (30 Mol-%) in der Glovebox eingewogen. Alle Feststoffe wurden in Dichlorethan (1.00 mL) gelöst, mit 2-Trifluoromethylpyridin (11.5 µL, 0.10 mmol, 0.50 Äq.) versetzt und das Reaktionsgemisch für weitere 16 Stunden bei 60 °C gerührt. Anschließend wurde das Reaktionsgemisch über Celite filtriert und mit Ethylactetat (20 mL) gewaschen. Das Lösungsmittel wurde bei vermindertem Druck entfernt und der verbleibende Rückstand an Kieselgel adsorbiert. Nach säulenchromatographischer Aufreinigung (PE/EtOAc) wurde das Produkt erhalten als weißer Feststoff erhalten (42,9 mg, 0,16 mmol, 80%).

R$_f$ (PE/EtOAc 5:1) = 0.13.

^{1}H-NMR (Chloroform-*d*) *δ* (ppm): 7.10 (d, *J* = 8.3 Hz, 1H), 6.91 (d, *J* = 2.1 Hz, 1H), 6.80 (dd, *J* = 8.3, 2.4 Hz, 1H), 3.81 (s, 3H), 3.64 (h, *J* = 6.7 Hz, 1H), 3.50 (h, *J* = 6.8 Hz, 1H), 1.55 (t, *J* = 6.1 Hz, 6H), 1.20 (d, *J* = 6.7 Hz, 3H), 1.05 (d, *J* = 6.7 Hz, 3H).

^{13}C-NMR (Chloroform-*d*) *δ* (ppm): 167.7, 160.0, 131.0, 130.7, 127.7, 115.0, 113.3, 55.7, 51.3, 46.1, 21.0, 20.9, 20.8, 20.3.

HR-MS (ESI): *m/z* berechnet: 292.1075 [C$_{14}$H$_{20}$NO$_2$ClNa]$^+$, gefunden 292.1079.

AFT-FTIR: ν = 2971, 2936, 2874, 2836, 1771, 1732, 1717, 1701, 1605, 1501, 1435, 1370, 1339, 1289, 1269, 1250, 1238, 1211, 1192, 1154, 1138, 1107, 1046, 972, 918, 845, 829, 810, 764, 729, 698, 644.

Die analytischen Daten entsprechen den literaturbekannten Daten.[102]

5.2.29 3-Chloro-*N,N*-diethyl-2-phenylacrylamid

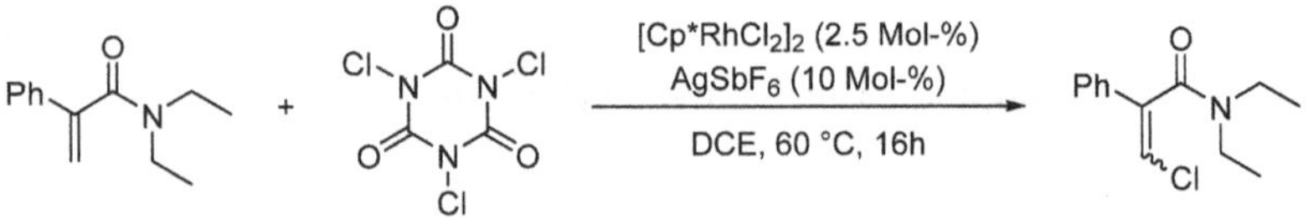

Schema 103: Darstellung von 3-Chloro-*N,N*-diethyl-2-phenylacrylamid.

Analog zu Vorschrift 5.2.23 wurde *N,N*-Diethyl-2-phenylacrylamid (0.40 mmol, 1.00 Äq.) mit Trichloroisocyanosäure (0.20 mmol, 0.50 Äq.) umgesetzt. Nach säulenchromatographischer Aufreinigung (PE/EtOAc 8:1) wurde das Produkt als gelbes Öl erhalten (75.5 mg, 0,32 mmol, 80%).

R$_f$ (PE/EtOAc 8:1) = 0.25.

^{1}H-NMR (Chloroform-d) δ (ppm): 7.42 – 7.31 (m, 5H), 6.56 (s, 1H), 3.56 (q, J = 7.1 Hz, 2H), 3.27 (q, J = 7.2 Hz, 2H), 1.24 (t, J = 7.1 Hz, 3H), 1.02 (t, J = 7.2 Hz, 3H).

^{13}C-NMR (Chloroform-d) δ (ppm): 166.3, 140.7, 134.1, 129.2, 129.0, 125.8, 116.0, 42.7, 38.9, 14.0, 12.8.

HR-MS (ESI): m/z berechnet: 260.0813 [C$_{13}$H$_{16}$NOClNa]$^+$, gefunden 260.0821.

AFT-FTIR: v = 3067, 2978, 2936, 2878, 1628, 1474, 1458, 1435, 1381, 1366, 1327, 1258, 1219, 1146, 1100, 1076, 1022, 972, 941, 918, 868, 818, 760, 694, 606.

5.2.30 (*Z*)-3-Chloro-*N,N*-diethyl-2,3-diphenylacrylamid

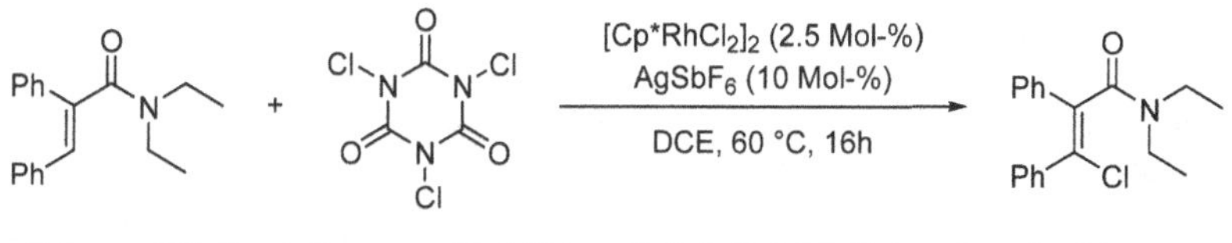

Schema 104: Darstellung von (*Z*)-3-Chloro-*N,N*-diethyl-2,3-diphenylacrylamide.

Analog zu Vorschrift 5.2.23 wurde (*E*)-*N,N*-diethyl-2,3-diphenylacrylamid (0.40 mmol, 1.00 Äq.) mit Trichloroisocyanosäure (0.20 mmol, 0.50 Äq.) umgesetzt. Nach säulenchromatographischer Aufreinigung (PE/EtOAc 8:1) wurde das Produkt als gelber Feststoff erhalten (63.3 mg, 0,20 mmol, 50%).

R$_f$ (PE/EtOAc 10:1) = 0.51.

^{1}H-NMR (Chloroform-d) δ (ppm): 7.67 – 7.58 (m, 4H), 7.44 – 7.38 (m, 2H), 7.38 – 7.32 (m, 4H), 3.27 (s, 4H), 0.83 (t, J = 7.2 Hz, 3H), 0.67 (t, J = 7.1 Hz, 3H).

^{13}C-NMR (Chloroform-d) δ (ppm): 167.4, 138.0, 135.9 ,131.2, 129.4, 129.0, 128.7, 128.5, 128.4, 128.3, 42.5, 38.5, 13.3, 11.8.

HR-MS (ESI): m/z berechnet: 336.1126 [C$_{19}$H$_{20}$NOClNa]$^+$, gefunden 336.1126.

AFT-FTIR: v = 2978, 2928, 2870, 1794, 1616, 1543, 1493, 1474, 1458, 1435, 1377, 1343, 1311, 1285, 1227, 1181, 1146, 1103, 1073, 1030, 980, 945, 903, 849, 814, 791, 745, 698, 656, 633.

5.2.31   5-Chloro-*N,N*-diethylfuran-2-carboxamid

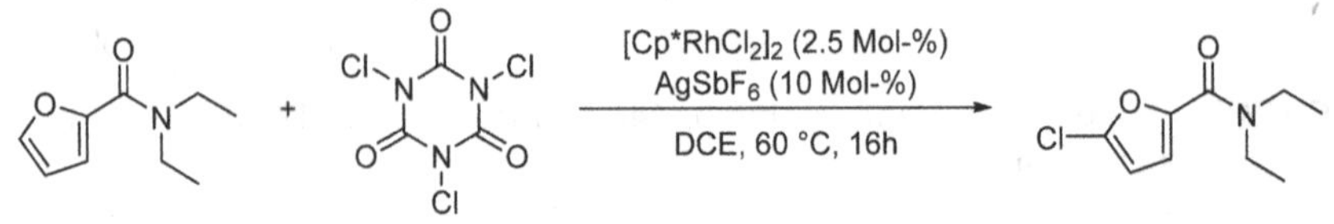

Schema 105: Darstellung von 5-Chloro-*N,N*-diethylfuran-2-carboxamid.

Analog zu Vorschrift 5.2.23 wurde *N,N*-Diethylfuran-2-carboxamid (0.40 mmol, 1.00 Äq.) mit Trichloroisocyanosäure (0.20 mmol, 0.50 Äq.) umgesetzt. Nach säulenchromatographischer Aufreinigung (PE/EtOAc 5:1) wurde das elektrophile Aromatische Substitutionsprodukt als gelbes Öl erhalten (75.5 mg, 0,37 mmol, 94%).

R_f (PE/EtOAc 5:1) = 0.31.

^{1}H-NMR (Chloroform-*d*) δ (ppm): 7.01 (d, *J* = 3.5 Hz, 1H), 6.27 (d, *J* = 3.5 Hz, 1H), 3.54 (s, 4H), 1.37 – 1.17 (m, 6H).

^{13}C-NMR (101 MHz, Chloroform-*d*) δ 158.5, 148.0, 138.0, 118.3, 108.3 (aliphatische Kohlenstoff-Atome nicht analysierbar im NMR).[69]

HR-MS (ESI): *m/z* berechnet: 224.0449 [$C_9H_{12}NO_2ClNa$]$^+$, gemessen 224.0458.

AFT-FTIR: v = 2978, 2936, 2890, 1748, 1701, 1686, 1647, 1636, 1624, 1543, 1520, 1508, 1489, 1458, 1420, 1397, 1150, 1103, 1073, 1015, 945, 795.

5.2.32   5-Chloro-*N,N*-diisopropylthiophen-2-carboxamid

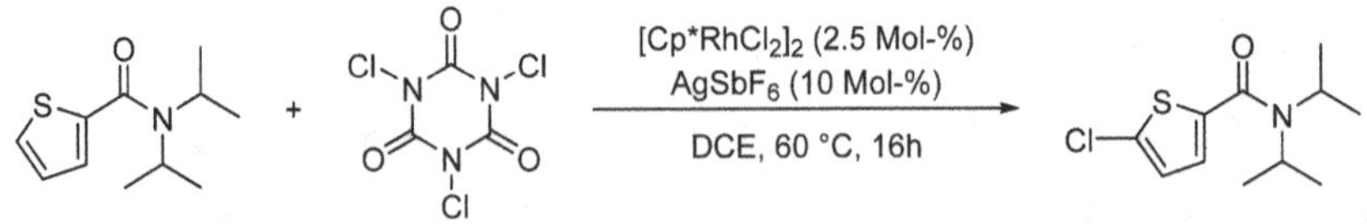

Schema 106: Darstellung von 5-Chloro-*N,N*-diisopropylthiophen-2-carboxamid.

Analog zu Vorschrift 5.2.18 wurde *N,N*-Diisopropylthiophen-2-carboxamid (0.40 mmol, 1.00 Äq.) mit Trichloroisocyanosäure (0.20 mmol, 0.50 Äq.) umgesetzt. Nach säulenchromatographischer Aufreinigung (PE/EtOAc 10:1) wurde das elektrophile Aromatische Substitutionsprodukt als gelbes Öl erhalten (84.3 mg, 0,34 mmol, 86%).

R_f (PE/EtOAc 5:1) = 0.48.

^{1}**H-NMR** (Chloroform-*d*) δ (ppm): 6.96 (d, *J* = 3.9 Hz, 1H), 6.80 (d, *J* = 3.9 Hz, 1H), 4.05 – 3.85 (m, 2H), 1.34 (d, *J* = 6.8 Hz, 12H).

^{13}**C-NMR** (Chloroform-*d*) δ (ppm): 162.6, 138.8, 132.6, 126.5, 125.7, 21.0.

HR-MS (ESI): *m/z* berechnet: 268.0533 $[C_{11}H_{16}NOSClNa]^+$, gemessen 268.0543.

AFT-FTIR: ν = 2971, 2932, 2890, 2361, 2322, 1620, 1543, 1520, 1508, 1474, 1443, 1373, 1335, 1208, 1157, 1138, 1076, 1026, 995, 799, 733.

6 Abkürzungsverzeichnis

Ac	Acetat
Ag	Silber
AgF	Silberfluorid
Äq.	Äquivalente
Bn	Benzyl
CaH_2	Calciumhydrid
Co^{III}	CobaltIII
Cp	Cyclopentadienyl
Cp*	Pentamethylcyclopentadienyl
d	dublett
DABCO	1,4-Diazabicyclo[2.2.2]octan
DCE	Dichlorethan
DCM	Dichlormethan
dd	dublett im dublett
DG	dirigierende Gruppe
dhept	doppeltes heptett
DMAc	Dimethylacetamid
DMF	Dimethylformamid
dt	dublett im triplett
Et_2O	Diethylether
EtOAc	Ethylacetat
EtOH	Ethanol
h	heptett
HFIP	Hexafluoroisopropanol
Kat.	Katalysator
[M]	Metall
m	multiplett
mbar	Milibar
MeCN	Acetonitril
Na	Natrium
Na_2SO_4	Natriumsulfat

OPiv	Pivalat
PE	Pentan
Ph-Cl	Chlorbenzol
q	quartett
R	Rest
Rh^{III}	RhodiumIII
s	singulett
SbF_6	Hexafluoroantimonat
SCF_3	Trifluoromethylthionat
SO_2	Schwefeldioxid
t	triplett
^{t}Amyl-OH	Tert-Amylalkohol
^{t}Bu	tert-Butyl
TFE	Trifluorethan
THF	Tetrahydrofuran

7 Literatur

[1] a) N. Miyaura, K. Yamada, A. Suzuki, *Tetrahedron Lett.* **1979**, *20*, 3437-3440; b) N. Miyaura, A. Suzuki, *J. Chem. Soc., Chem. Commun.* **1979**, 866; c) R.F. Heck, *J. Am. Chem. Soc.* **1968**, *90*, 5518-5526; d) R.F. Heck, J. P. Nolley, *J. Org. Chem.* **1972**, *37*, 2320-2322; e) A. Baba, E. Negishi, *J. Am. Chem. Soc.* **1976**, *98*, 6729-6731; f) E. Negishi, A. Baba, *Chem. Commun.* **1976**, 596-597.

[2] A. Meijere, F. Diederich, *Metal-Catalyzed Cross-Coupling Reactions*, John Wiley & Sons, **2004**.

[3] L. Kürti, B. Czako, *Strategic Applications of Named Reactions in Organic Synthesis*, Elsevier Academic Press, **2005**.

[4] B. M. Trost, *Science* **1991**, *254*, 1471-1477.

[5] P.T. Anastas, J.C. Warner, *Green Chemistry: Theorie and Practice*; Oxford University Press, **1998**.

[6] https://www.organische-chemie.ch/OC/themen/gruene-chemie.htm

[7] Für allgemeine Übersichtsartikel für C–H Bindungsaktivierung siehe: a) D. Alberico, M. E. Scott, M. Lautens, *Chem. Rev.* **2007**, *107*, 174-238; b) L. Ackermann, R. Vicente, A. R. Kapdi, *Angew. Chem. Int. Ed.* **2009**, *48*, 9792-982; c) R. Giri, B.-F. Shi, K. M. Engle N. Maugel, J.-Q. Yu, *Chem. Soc. Rev.* **2009**, *38*, 3242-3272; d) L. McMurray, F. O'Hara, M. J. Gaunt, *Chem. Soc. Rev.* **2011**, *40*, 1885-1898; e) J. Wencel-Delord, T. Droge, F. Liu, F. Glorius, *Chem. Soc. Rev.* **2011**, *40*, 4740-4761; f) C. S. Yeung, V. M. Dong, *Chem. Rev.* **2011**, *111*, 1215-1292.

[8] R. G. Bergman, *Nature* **2007**, *446*, 391-393.

[9] T. Brückl, R. D.Baxter, Y.Ishihara, P. S. Baran, *Acc. Chem. Res.* **2012**, *45*, 826-839.

[10] S. R.Neufeldt, M. S. Sanford, *Acc. Chem. Res.* **2012**, *45*, 936-946.

[11] M. Albrecht, *Chem. Rev.* **2009**, *110*, 576-623.

[12] J. P. Kleiman, M. Dubeck, *J. Am. Chem. Soc.* **1963**, *85*, 1544-1545.

[13] R. Jazzar, J. Hitce, A. Renaudat, J. Sofack-Kreutzer, O. Baudoin, *Chem. Eur. J.* **2010**, *16*, 2654-2672.

[14] A. R. Dick, M. S. Sanford, *Tetrahedron* **2006**, *62*, 2439-2463.

[15] R. H. Crabtree, *J. Chem. Soc. Dalt. Trans.* **2001**, 2437-2450.

[16] A. E. Shilov, G. B. Shul'pin, *Chem. Rev.* **1997**, *97*, 2879-2932.

[17] J. A. Labinger, J. E. Bercaw, *Nature* **2002**, *417*, 507-514.

[18] S. I.Gorelsky, D.Lapointe, K. Fagnou, *J. Am. Chem. Soc.* **2008**, *130*, 10848-10849.

[19] a) L. Ackermann, *Chem. Rev.* **2011**, *111*, 1315-1345; b) Y. Boutadla, D. L. Davies, S. A. Macgregor, A. I. Poblador-Bahamonde, *Dalton Trans.* **2009**, 5820-5831.

[20] D. Lapointe, K. Fagnou, *Chem. Lett.* **2010**, *39*, 1118-1126.

[21] M. Lafrance, C. N. Rowley, T. K. Woo, K. Fagnou, *J. Am. Chem. Soc.* **2006**, *128*, 8754-8756.

[22] a) D. García-Cuadrado, A. A. C. Braga, F. Maseras, A. M. Echavarren, *J. Am. Chem. Soc.* **2006**, *128*, 1066-1067; b) D. L. Davies, S. M. A. Donald, S. A. Macgregor, *J. Am. Chem. Soc.* **2005**, *127*, 13754-13755.

[23] T. G. P. Harper, P. J. Desrosiers, T. C. Flood, *Organometallics* **1990**, *9*, 2523-2528.

[24] J. Y. Saillard, R. Hoffmann, *J. Am. Chem. Soc.* **1984**, *106*, 2006-2026.

[25] Z. Lin, *Coord. Chem. Rev.* **2007**, *251*, 2280-2291.

[26] F. Zhang, D. R. Spring, *Chem. Soc. Rev.* **2014**, *43*, 6906-6919.

[27] a) A. S. Dudnik, N. Chernyak, C. Huang, V. Gevorgyan, *Angew. Chem. Int. Ed.* **2010**, *49*, 8729-8732; b) A. V. Gulevich, F. S. Melkonyan, D. Sarkar, V. Gevorgyan, *J. Am. Chem. Soc.* **2012**, *134*, 5528-5531; c) D. Sarkar, F. S. Melkonyan, A. V. Gulevich, V. Gevorgyan, *Angew. Chem. Int. Ed.* **2013**, *52*, 10800-10804.

[28] S. Mochida, K. Hirano, T. Satoh, M. Miura, *Org. Lett.* **2010**, *12*, 5776-5779.

[29] F. W. Patureau, J. Wencel-Delord, F. Glorius, *Aldrichimica Acta* **2012**, *45*, 31-41.

[30] Y. Zhang, H. Zhao, M. Zhang, W. Su, *Angew. Chem. Int. Ed.* **2015**, *127*, 3888-3892.

[31] X. Qin, D. Sun, Q. You, Y. Cheng, J. Lan, J. You, *Org. Lett.* **2015**, *17*, 1762-1765.

[32] X. Liu, X. Li, H. Liu, Q. Guo, J. Lan, R. Wang, J. You, *Org. Lett.* **2015**, *17*, 2936-2939.

[33] X. Huang, J. Huang, C. Du, X. Zhang, F. Song, J. You, *Angew. Chem. Int. Ed.* **2013**, *52*, 12970-12974.

[34] U. Sharma, Y. Park, S. Chang, *J. Org. Chem.* **2014**, *79*, 9899-9906.

[35] T. Eicher, S. Hauptmann, H. Suschitzky, *The Chemistry of Heterocycles: Structure, Reactions, Syntheses and applications*, Wiley, Hoboken, **2003**.

[36] D. Zhao, Z. Shi, F. Glorius, *Angew. Chem. Int. Ed.* **2013**, *52*, 12426-12429.

[37] D. R. Stuart, P. Alsabeh, M. Kuhn, K. Fagnou, *J. Am. Chem. Soc.* **2010**, *132*, 18326-18339.

[38] D. A. Colby, R. G. Bergman, J. A. Ellman, *J. Am. Chem. Soc.* **2008**, *130*, 3645-3651.

[39] N. Guimond, K. Fagnou, *J. Am. Chem. Soc.* **2009**, *131*, 12050-12051.

[40] D. Zhao, F. Lied, F. Glorius, *Chem. Sci.* **2014**, *5*, 2869-2873.

[41] Z. Shi, D. C. Koester, M. Boultadakis-Arapinis, F. Glorius *J. Am. Chem. Soc.* **2013**, *135*, 12204-12207.

[42] D.-G. Yu, F. de Azambuja, F. Glorius, *Angew. Chem. Int. Ed.* **2014**, *53*, 2754-2758.

[43] Y. Cheng, C. Bolm, *Angew. Chem. Int. Ed.* **2015**, *54*, 1-5.

[44] W. Long, L. Wang, K. Parthasarathy, F. Pan, C. Bolm, *Angew. Chem. Int. Ed.* **2013**, *52*, 11573-11576.

[45] **Lit A:** a) P. Barraja, P. Diana, A. Lauria, A. Passannanti, A. M.Almerico, C. Minnei, S. Longu, D. Congiu, C. Musiu, P. La Colla, *Bioorg. Med. Chem.* **1999**, *7*, 1591; b) C. K. Ryu, J. Y. Lee, *Bioorg. Med. Chem. Lett.* **2006**, *16*, 1850. **Lit. B:** Y. N. Yu, S. K. Singh, A. Liu, T. K. Li, L. F. Liu, E. J. LaVoie, *Bioorg. Med. Chem.* **2003**, *11*, 1475. **Lit. C:** T. D. Cushing, X. Hao, Y. Shin, K. Andrews, M. Brown, M. Cardozo, Y. Chen, J. Duquette, B. Fisher, F. Gonzalez-Lopez de Turiso, X. He, K. R. Henne, Y.-L. Hu, R. Hungate, M. G. Johson, R. C. Kelly, B. Lucas, J. D. McCarter, L. R. McGee, J. C. Medina, T. San Miguel, D. Mohn, V. Pattaropong, L. H. Pettus, . Reichelt, R. M. Rzasa, J. Seganish, A. S. Tasker, R. C. Wahl, S. Wannberg, D. A. Whittington, J. Whoriskey, G. Yu, L. Zalameda, D. Zhang, D. P. Metz, *J. Med. Chem.* **2015**, *58*, 480-511. **Lit. D:** D. A. Scott, L. A. Dakin, D. J. Del Valle, R. B. Diebold, L. Drew, T. W. Gero, C. A. Ogoe, C. A. Omer, G. Repik, K. Thakur, Q. Ye, X. Zheng, *Bioorg. Med. Chem. Lett.* **2011**, *21*, 1382. **Lit E:** C. Lunniss, C. Eldred, N. Aston, A. Craven, K. Gohil, B. Judkins, S. Keeling, L. Ranshaw, E. Robinson, T. Shipley, N. Trivedi, *Bioorg. Med. Chem. Lett.* **2010**, *20*, 137.

[46] S. Sharma, S. H. Han, S. Han, W. Ji, J. Oh, S.-Y. Lee, J. S. Oh, Y. H. Jung, I. S. Kim, *Org. Lett.* **2015**, *17*, 2852-2855.

[47] J.-Y. Son, S. Kim, W. H. Jeon, P. H. Lee, *Org. Lett.* **2015**, *17*, 2518-2521.

[48] K. Muralirajan, C.-H. Cheng, *Chem. Eur. J.* **2013**, *19*, 6198-6202.

[49] D. Zhao, Q. Wu, X. Huang, F. Song, T. Ly, J. You, *Chem. Eur. J.* **2013**, *19*, 6239-6244.

[50] D. Zhao, S. Vásquez-Céspedes, F. Glorius, *Angew. Chem. Int. Ed.* **2015**, *54*, 5772-5776.

[51] B. Nguyen, E. J. Emmett, M. C. Willis *J. Am. Chem. Soc.* **2010**, *132*, 16372-16373.

[52] a) E. J. Emmett, B. R. Hayter, M. C. Willis, *Angew. Chem. Int. Ed.* **2013**, *52*, 12697-12683; b) B. N. Rocke, K. B. Banhck, M. Herr, S. Lavergne, V. Mascitti, C. Perreault, J. Polivkova, A. Shavnya, *Org. Lett.* **2014**, *16*, 154-157; c) A. S. Deeming, C. J. Russell, A. J. Hennessy, M. C. Willis, *Org. Lett.* **2014**, *16*, 150-153; d) E. J. Emmett, B. R. Hayter, M. C. Willis, *Angew. Chem. Int. Ed.* **2014**, *53*, 10204-10208; e) C. S. Richards-Taylor, D. C. Blakemore, M. C. Willis, *Chem. Sci.* **2014**, *5*, 222-228.

[53] a) H. Woolven, C. Gonzaléz-Rodriguez, I. Marco, A. L. Thompson, M. C. Willis, *Org. Lett.* **2011**, *13*, 4876-4878; b) A. S. Deeming, C. J. Russell, M. C. Willis, *Angew. Chem. Int. Ed.* **2015**, *54*, 1168-1171; c) E. J. Emmett, C. S. Richards-Tayler, B. Nguyen, A. Garcia-Rubia, B. R. Hayter, M. C. Willis, *Org. Biomol. Chem.* **2012**, *10*, 4007-4014.

[54] a) A.Leo, P. Y. C. Jow, C. Silipo, C. Hansch, *J. Med. Chem.* **1975**, *18*, 865-868; b) C. Hansch, A. Leo, R. W. Taft, *Chem. Rev.* **1991**, *91*, 165-195; c) J.-P. Begue, D. Bonnet-Delpon, *Bioorganic and Medicinal Chemistry of Fluorine*; Wiley: Hoboken, NJ, **2008**; d) A. Tlili, T.Billard, *Angew. Chem., Int. Ed.* **2013**, *52*, 6818-6819.

[55] a) T. Liang, C. N. Neumann, T. Ritter, *Angew. Chem. Int. Ed.* **2013**, *52*, 8214-8264; b) F. Toulgoat, S. Alazet, T. Billard, *Eur. J. Org. Chem.* **2014**, 2415-2428.

[56] G. Yin, I. Kalvet, U. Englert, F. Schoenebeck, *J. Am. Chem. Soc.* **2015**, *137*, 4164-4172.

[57] J. Xu, X. Mu, P. Chen, J. Ye, G. Liu, *Org. Lett.* **2014**, *16*, 3942-3945.

[58] L. D. Tran, I. Popov, O. Daugulis, *J. Am. Chem. Soc.* **2012**, *134*, 18237-18240.

[59] C. Chen, X.-H. Xu, B. Yang, F.-L. Qing, *Org. Lett.* **2014**, *16*, 3372-3375.

[60] H. Wu, Z. Xiao, J. Wu, Y. Guo, J.-C. Xiao, C. Liu, Q.-Y. Chen, *Angew. Chem. Int. Ed.* **2015**, *127*, 4142-4146.

[61] C. Xu, Q. Shen, *Org. Lett.* **2014**, *16*, 2046-2049.

[62] W. Yin, Z. Wang, Y. Huang, *Adv. Synth. & Catal.* **2014**, *356*, 2998-3006.

[63] H.-Y. Xiong, T. Besset, D. Cahard, X. Pannecoucke, *J. Org. Chem.* **2015**, *80*, 4204-4212.

[64] a) N. Sotomayor, E. Lete, *Curr. Org. Chem.* **2003**, *7*, 275; b) *Handbook of Grignard Reagents*; G. S. Silverman, P. E. Rakita, Eds.; Dekker: New York, **1996**.

[65] M. R. Crampton, *in Organic Reaction Mechanism*; A. J. Knipe, Eds.; Wiley: New York, **2007**.

[66] **Lit A.**: a) H. C. Manning, T. Goebel, J. N. Marx, D. J. Bornhop, *Org. Lett.* **2002**, *4*, 1075-1078; b) S. Castellano, S. Taliani, C. Milite, I. Pugliesi, E. D. Pozzo, E. Rizzetto, S. Bendinelli, B. Costa, S. Cosconati, G. Greco, E. Novellino, G. Sbardella, G. Stefancich, C. Martini, F. D. Settimo, *J. Med. Chem.* **2012**, *55*, 4506-4510; **Lit. B.**: a) S. H. Amin, K. K. Motamedi, M. C. Ochsner, T. E. Song, C. P. Hybarger, *Discov. Med.* **2013**, *16*, 229; b) M. Axelson, K. Liu, X. Jiang, K. He, J. Wang, H. Zhao, D. Kufrin, T. Palmby, Z. Dong, A. M. Russell, S. Miksinski, P. Keegan, R. Pazdur, *Clin. Cancer Res.* **2013**, *19*, 2289-2293.

[67] N. Schröder, J. Wencel-Delord, F. Glorius, *J. Am. Chem. Soc.* **2012**, *134*, 8298-8301.

[68] N. Kuhl, N. Schröder, F. Glorius, *Org. Lett.* **2013**, *15*, 3860-3863.

[69] N. Schröder, F. Lied, F. Glorius, *J. Am. Chem. Soc.* **2015**, *137*, 1448-1451.

[70] D.-G. Yu, T. Gensch, F. de Azambuja, S. Vásquez-Céspedes, F. Glorius, *J. Am. Chem. Soc.* **2014**, *136*, 17722-17725.

[71] T. W. Lyon, M. S. Sanford, *Chem. Rev.* **2010**, *110*, 1147-1169.

[72] X. Wan, Z. Ma, B. Li, K. Zhang, S. Cao, S. Zhang, Z. Shi, *J. Am. Chem. Soc.* **2006**, *128*, 7416-7417.

[73] X. Sun, G. Shan, Y. Sun, Y. Rao, *Angew. Chem. Int. Ed.* **2013**, *52*, 4440-4444.

[74] G. Qian, X. Hong, B. Liu, H. Mao, B. Xu, *Org. Lett.* **2014**, *16*, 5294-5297.

[75] P. Zhang, L. Hong, G. Li, R. Wang, *Adv. Synth. & Catal.* **2015**, *357*, 345-349.

[76] R. J. Gruffin, A. Henderson, N. J. Curtin, A. Echalier, J. A. Endicott, I. R. Hardcastle, D. R. Newell, M. E. M. Noble, L.-Z. Wang, B. T. Golding, *J. Am. Chem. Soc.* **2006**, *128*, 6012-6013.

[77] a) T. W. Greene, P. G. M. Wuts, *Protective Groups in Organic Synthesis 3ʳᵈ Edition*, John Wiley & Sons, Inc. **1999**; b) P. J. Kocienski, *Protecting Groups 3ʳᵈ Edition*, Georg Thieme Verlag, New York, **2005**.

[78] F. de Nanteuil, J. Waser, *Angew. Chem. Int. Ed.* **2011**, *50*, 12075-12079.

[79] P. M. Truong, P. Y. Zavalij, M. P. Doyle, *Angew. Chem. Int. Ed.* **2014**, *53*, 6468-6472.

[80] D. Zhao, J. H. Kim, L. Stegemann, C. Strassert, F. Glorius, *Angew. Chem. Int. Ed.* **2015**, *54*, 4508-4511.

[81] a) V. von Richter, *Chem. Ber.* **1883**, *16*, 677-683; b) Für die Nutzung von Triazenen, um verwandte Intermediate zu erhalten, siehe: D. B. Kimball,A. G. Hayes, M. M. Haley, *Org. Lett.* **2000**, *2*, 3825-3827.

[82] L. Bischoff, L. Martial, C. Qin, *Org. Synth.* **2013**, *90*, 301-305.

[83] N. Guimond, S. I. Gorelsky, K. Fagnou, *J. Am. Chem. Soc.* **2011**, *133*, 6449-6457.

[84] A. S. Tsai, M. E. Tauchert, R. G. Bergmann, J. A. Ellmann, *J. Am. Chem. Soc.* **2011**, *133*, 1248-1250.

[85] H. Wang, N. Schröder, F. Glorius, *Angew. Chem. Int. Ed.* **2013**, *52*, 5386-5389.

[86] C. Feng, T.-P. Loh, *Angew. Chem. Int. Ed.* **2014**, *53*, 2722-2726.

[87] W.-W- Chan, S.-F. Lo, Z. Zhou, W.Y. Yu, *J. Am. Chem. Soc.* **2012**, *134*, 13565-13568.

[88] R. Pluta, P. Nikolaienko, M. Rueping, *Angew. Chem. Int. Ed.* **2014**, *53*, 1650-1653.

[89] J. H. Clark, C. W. Jones, A. P. Kybett, M. A. McClinton, *J. Fluor. Chem.* **1990**, *48*, 249-253.

[90] G. Podolan, D. Lentz, H.-U. Reissig, *Angew. Chem. Int. Ed.* **2013**, *54*, 9491-9494.

[91] U. Tilstam, H. Weinmann, *Org. Process Research & Development* **2002**, *6*, 384-393.

[92] B.-Y. Lim, B.-E. Jung, C.-G. Cho, *Org. Lett.* **2014**, *16*, 4492-4495.

[93] O. Tsubrik, R. Sillard, U. Mäeorg, *Synthesis* **2006**, 843-846.

[94] A. J. Neuvonen, P. M. Phiko, *Org. Lett.* **2014**, *16*, 5152-5155.

[95] N. D. Koduri, H. Scott, B. Hileman, J. D. Cox, M. Coffin, L. Glicksberg, S. R. Hussaini, *Org. Lett.* **2012**, *14*, 440-443.

[96] Y. Jiang, V. Zhong Yue Khong, E. Lourdusamy, C.-M. Park, *Chem. Commun.* **2012**, *48*, 3133-3135.

[97] M. E. Meyer, E. M. Ferreira, B. M. Stoltz, *Chem. Commun.* **2006**, 1316-1318.

[98] M. Katohgi, H. Togo, K. Yamaguchi, M. Yokoyama, *Tetrahedron* **1999**, *55*, 14885-14900.

[99] R. D. Chambers, G. Sandford, J. Trmcic, *J. Fluor. Chem.* **2007**, *12*, 1439-1443.

[100] J. Clayden, C. C. Stimson, M. Keenan, *Chem. Commun.* **2006**, 1393-1394.

[101] K. D. Otley, J. A. Ellman, *Org. Lett.* **2015**, *17*, 1332-1335.

[102] W. C. Wertjes, L. C. Wolfe, P. J. Waller, D. Kalyani, *Org. Lett.* **2013**, *15*, 5986-5989.

Printed in the United States
By Bookmasters